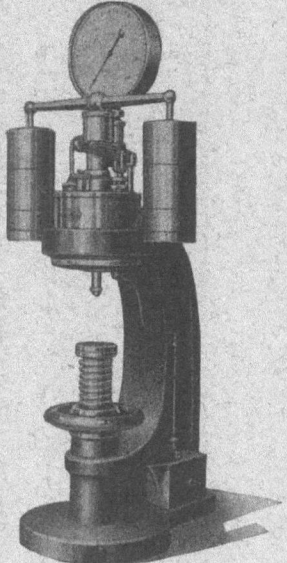

DUROMETER
Apparat für die Härteprüfung nach Rockwell und Kugeldruckproben von 15,6 bis 250 kg Belastung

DURANDO
Original Brinellpresse für Kugeldruckproben von 187,5 bis 3000 kg Belastung

Verlangen Sie unsere Druckschriften

Durometer   Durando

Reparaturen und Überholungen von Kugeldruckpressen „Alpha" werden in unserem Betrieb sorgfältig und preiswert ausgeführt

P. F. DUJARDIN & CO., DÜSSELDORF 74

Der Beton
Herstellung, Gefüge und Widerstandsfähigkeit gegen physikalische und chemische Einwirkungen
Von Dr. RICHARD GRÜN
Professor an der Technischen Hochschule Aachen, Direktor des Forschungsinstituts der Hüttenzementindustrie in Düsseldorf

Zweite, völlig neubearbeitete und erweiterte Auflage. Mit 261 Abbildungen im Text und auf zwei Tafeln sowie 90 Tabellen. XV, 498 Seiten. 1937. RM 39.—; gebunden RM 42.—

Inhaltsübersicht:

Einleitung: Wesen des Betons

I. Die Rohstoffe des Betons
A. Der Zuschlag. — B. Der Zement. — C. Anmachwasser. — D. Zusatzstoffe.

II. Aufbau des Betons
A. Kornzusammensetzung der Zuschlagsstoffe. — B. Zementgehalt. — C. Höhe des Wasserzusatzes. — D. Zusatzgehalte.

III. Die Verarbeitung des Betons
A. Messung der Einzelbestandteile und der Konsistenz. — B. Mischen von Beton. — C. Transport des Betons. — D. Die Schalung. — E. Verdichtung des Betons. — F. Der Putz. — G. Unterwasserbeton. — H. Das Einpressen von Zement. — J. Baukontrolle. — K. Betonwaren. — L. Betonpfähle. — M. Betonrohre.

IV. Erstarrung des Betons
A. Mechanismus der Erhärtung des Zementes. — B. Druckfestigkeit. — C. Hitze. — D. Frostwirkung. — E. Wasserüberflutung.

V. Erhärtung des Betons
A. Das Verhältnis der Bauwerksfestigkeit zur Würfelfestigkeit. — B. Entschalungsfristen. — C. Nachbehandlung.

VI. Einwirkungen auf erstarrten und erhärteten Beton
A. Physikalische Einwirkungen. Temperatureinflüsse. — B. Chemische Einwirkungen. — C. Schutzmittel. — D. Wiederherstellungsarbeiten und Schutzmaßnahmen bei Flüssigkeitseinwirkungen. — Namenverzeichnis. Sachverzeichnis.

VERLAG VON JULIUS SPRINGER IN BERLIN

Wissenschaftliche Abhandlungen. Heft 1.

Schopper Prüfmaschinen

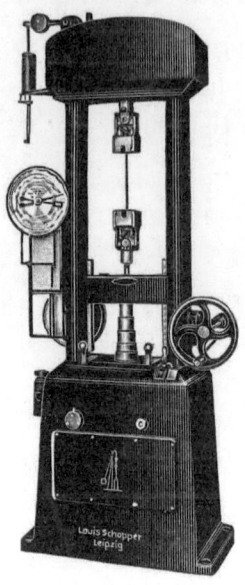

Zugfestigkeitsprüfmaschine ZM 5000/45
mit Pendelwaage

und **Meßgeräte** für

Werkstoffe

aller Art

insbesondere für

Faserstoffe
Papier
Textilien
Kautschuk
Isolierstoffe
Metalle

*

Louis Schopper, Leipzig S 3/47
Fabrik für Werkstoffprüfmaschinen und wissenschaftliche Apparate

---

Leitz PANPHOT

Das neue Metall-Mikroskop mit Spiegelreflexkamera

für alle Arbeiten im Hellfeld, Dunkelfeld und im polarisierten Licht

für Auflichtmikroskopie bei vollkommen reflexfreier Beleuchtung mit dem Polarisations-Ultropak

für metallographische, erz- und kohlenpetrographische Untersuchungen mit dem Opak-Illuminator

sowie für Übersichtsaufnahmen großer Objekte.

● Fordern Sie unsere Druckschrift „Met.-Panphot" u. unverbindliches Angebot.

Ernst Leitz
Wetzlar

Holzimprägnieranlagen, Trocknerbau MAKO Erfurt
Reichartstr. 8

Technische Oberflächenkunde

Feingestalt und Eigenschaften von Grenzflächen technischer Körper, insbesondere der Maschinenteile

Von

Dr. Ing. Dr. med. h. c. **Gustav Schmaltz**

Honorar-Professor an der Technischen Hochschule zu Hannover
Inhaber der Maschinenfabrik Gebrüder Schmaltz, Offenbach-Main

Mit 395 Abbildungen im Text und auf 32 Tafeln, einem Stereoskopbild und einer Ausschlagtafel

XVI, 286 Seiten. 1936. RM 43.50; gebunden RM 45.60

VERLAG VON JULIUS SPRINGER IN BERLIN

Soeben erschien:

Was ist Stahl?

Einführung in die Stahlkunde für Jedermann

Von

Leopold Scheer

Dritte, vermehrte Auflage

Mit 48 Abbildungen im Text und einer Tafel

VII, 104 Seiten. 1938

RM 3.—; gebunden RM 3.80

VERLAG VON JULIUS SPRINGER IN BERLIN

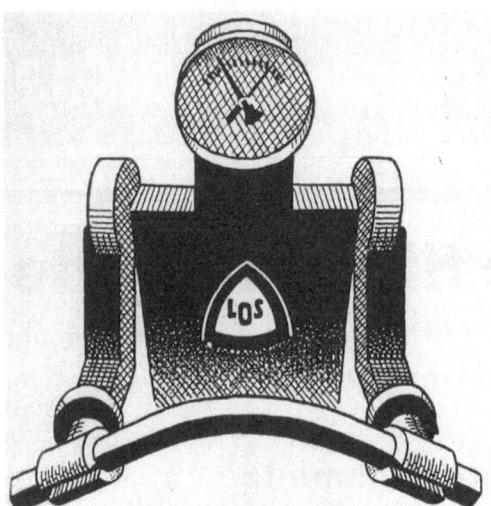

DIE LOS-UNIVERSAL-PRÜFMASCHINE

ohne - oder besser mit Pulsator für wechselnde Belastung ist ein Wunder der Vielseitigkeit. Sie ist für Zug-, Druck-, Knick-, Biege- und Faltversuche geeignet und dient Hunderten von Betrieben bei der ständigen Prüfung von Rohmaterial und Fertigware. Verlangen Sie sofort unseren Prospekt Nr. 2335

Losenhausenwerk A.G.
DÜSSELDORF - GRAFENBERG

M. P. 3273

Busch Metaphot

das Universal-Kamera-Mikroskop
für den Praktiker
für alle Arbeiten im Hellfeld, Dunkelfeld, polarisierten Licht.

Der Begriff für fortschrittliche Werkstoffprüfung,

zur regelmäßigen Forschungsarbeit im Labor, zur ständigen Güteüberwachung der Fertigung.

Mikroskop, Kamera, Lichtquelle sind in einem Gerät vereint!

Vorführung, Listen und Angebote kostenlos

Emil Busch A.-G.
Optische Industrie
Rathenow

SIEMENS MESSTECHNIK

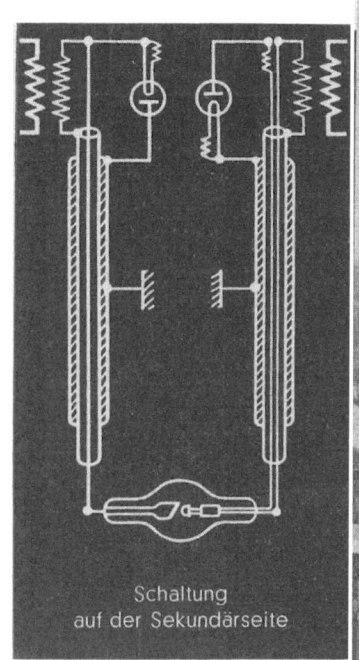

Transportable Grobstruktur-Röntgeneinrichtungen für den Stahlbau

zum Untersuchen von Schweißungen und Nietverbindungen an Trägern, Schienen, Bauteilen aller Art. Hochspannungsanlage zerlegbar in mehrere Einzelteile von geringen Abmessungen und niedrigem Gewicht. Leichte Handhabung, vollkommener Hochspannungs- und Strahlenschutz; widerstandsfähige, betriebssichere Bauart.

Schaltung auf der Sekundärseite

Untersuchung von Schweißnähten am Obergurt einer Brücke

SIEMENS & HALSKE AG · WERNERWERK · BERLIN-SIEMENSSTADT

Mesothorium

ein wertvolles Mittel für die Werkstoffprüfung

Große Durchdringungsfähigkeit —
Prüfung von besonders dicken oder dichten Objekten

Unabhängig von äußeren Energiequellen —
Prüfung von schwer zugänglichen oder nicht beweglichen Objekten

Verlangen Sie die ausführliche Druckschrift

AUERGESELLSCHAFT A.G., BERLIN N 65
Radiologische Abteilung

WISSENSCHAFTLICHE ABHANDLUNGEN
DER DEUTSCHEN MATERIALPRÜFUNGSANSTALTEN

(FRÜHER: SONDERHEFTE DER MITTEILUNGEN DER DEUTSCHEN MATERIALPRÜFUNGSANSTALTEN)

1. FOLGE   HEFT 1

BAUSTOFFE UND IHRE PRÜFUNG

HERAUSGEGEBEN VOM

PRÄSIDENTEN DES STAATLICHEN MATERIALPRÜFUNGSAMTS
BERLIN-DAHLEM

MIT 110 ABBILDUNGEN

(AUSGEGEBEN AM 20. JUNI 1938)

BERLIN
VERLAG VON JULIUS SPRINGER
1938

ISBN 978-3-642-93791-0   ISBN 978-3-642-94191-7 (eBook)
DOI 10.1007/978-3-642-94191-7
         Alle Rechte vorbehalten

VORBEMERKUNG

Die bisherigen „S o n d e r h e f t e" der „Mitteilungen der Deutschen Materialprüfungsanstalten" (g r a u e Hefte) haben einen eigenen Titel erhalten und erscheinen von jetzt ab als

„Wissenschaftliche Abhandlungen der Deutschen Materialprüfungsanstalten".

Die einzelnen Hefte sind, wie bisher, in sich abgeschlossen und erscheinen in zwanglosen Zeitabständen. Je sechs Hefte bilden eine Folge.

Der bisherige Zustand, der seinerzeit unter anderen Voraussetzungen und Erfordernissen geschaffen worden war, als jetzt gegeben erscheinen, wirkte sich in zunehmendem Maße ungünstig aus. Offensichtlich machte es einen verwirrenden Eindruck auf den heutigen Benutzer der „Mitteilungen ...", daß die Original-Veröffentlichungen, die den vollständigen und eigentlichen Niederschlag der Forschungsarbeit darstellen, in S o n d e r heften erschienen, während die Referate, die die Forschungsergebnisse nur auszugsweise enthalten, gewissermaßen den Hauptteil der Zeitschrift bildeten. Der neue Titel soll die Gestaltung des Inhaltes klar zum Ausdruck bringen.

Die „Mitteilungen der Deutschen Materialprüfungsanstalten" (b l a u e Hefte) behalten ihren bisherigen Titel und ihre bisherige Form bei. Sie bringen auch weiterhin neben gelegentlichen zusammenfassenden Tätigkeitsberichten einzelner Materialprüfungsanstalten in der Hauptsache Referate über die in den deutschen Materialprüfungsanstalten ausgeführten Forschungsarbeiten.

Der Herausgeber

INHALT

	Seite
E. Maier-Dorn, Die Bauten der Deutschen	1
E. Seidl, Behandlung von Fragen der Bodenmechanik unter grenz- und allgemeinwissenschaftlichen Gesichtspunkten	11
I. Das System Bauwerk/Baugrund	11
II. Zur Frage an physikalischen Boden-Konstanten und zur Frage der „Losen Massen"	12
III. Bedingungen der Verformung von Straßen-Körpern	14
E. Kindscher und H. Wicht, Die Blasenbildung in Asphaltbelägen	19
A. Hummel, Vom Kriechen des Betons unter Dauerspannungen	23
A. Hummel, Zeitgemäße Verwendungsgebiete und Gütesteigerung des Betonsteins	43
G. Grüning, Tragfähigkeit von in Betonklötzen verankerten dicken Rundeisen	51
H. W. Gonell, Die Bestimmung des Mischungsverhältnisses und Bindemittelgehaltes von Zement-Mörtel und -Beton	57
H. W. Gonell, Normung chemischer Prüfungen auf dem Gebiet der anorganischen Baustoffe	63
Th. Kristen, Ziegel — Mörtel — Mauerwerk	67
K. Stöcke, Geologe und Ingenieur bei der technischen Gesteinsprüfung	87
E. Albrecht, Über einige Faktoren, welche die Ergebnisse der Prüfung von Glas auf mechanischem Wege beeinflussen	95
E. Deiß, Über das Verhalten von Steinholz und ähnlich zusammengesetzten Massen gegenüber Baustoffen und Metallen	97
E. Deiß, Über einige durch Verwendung ungeeigneter Kittmassen aufgetretene Schadensfälle	103

Die Bauten der Deutschen

Rede, gehalten zu Berlin am 8. März 1938

Von

Emil Maier-Dorn

Reichsschulungswalter des NS.-Bundes Deutscher Technik

Was könnte den Freund der Künste in froheren Aufruhr versetzen als die Vorstellung, die alten Meister aus Deutschlands großer Geschichte könnten herniedersteigen! Denken wir uns, auf den Höhepunkten unserer Nationalfeiern könnte ihnen das ergriffene Volk seine Huldigungen darbringen! Was aber wäre jenen Genien alle Ehrenbezeigung, gemessen an dem Hochgefühl, das ihnen der Anblick unseres Lebens böte! Wie würden sie froh erstaunt und dankbar bewundernd vor die Titanenarbeit treten, die der Auftrag des Dritten Reiches uns vollbringen heißt! —

Unsere Zeit hat ihren Herrscher gefunden! Von ihm hat sie ihren Sinn empfangen.

Ohne den Geist der Epoche hat aber noch nie ein Meister gebaut, wenn er kein Scharlatan sein wollte, wenn er nicht statt Denkmälern einer stolzen Gegenwart fehlplazierte Kulissen errichtete.

Jeder mag begreifen, daß die Kunst im Dritten Reiche unerhört begünstigt wird. Aber erst wer das Werden der Baukunst im ganzen überschaut, gewinnt jenen handfesten Maßstab, den das Leben immer nur dem Leben zu entringen vermag.

Was hätte das Urteilen schon Sinn, wenn man nur Tatsachen aneinanderfügen dürfte und nicht durch die Ereignisse das allgültige Gesetz schimmern sähe, welches, dann einmal zur Parole der Gegenwart erhoben, uns seine wohltätige Hilfe liehe?

Leopold von Ranke erklärte: „In den Traditionen der Macht liegt für die späteren Geschlechter der schier unwiderstehliche Antrieb des Wetteifers mit den früheren!" Diese Macht lebt auch im Geistigen! Ein deutsches Volk will seinen Ruhm nicht überleben. So gehen wir, wie jedes junge Geschlecht, mit Ehrfurcht bei den Meistern der früheren Zeiten in die Schule.

Wohlgemerkt: Die Begabung wollen wir nicht lernen. Ebenso: Formalistische Epigonen, Ehlektiker oder gar kopierende Plagiatoren zu werden, ist unser Ehrgeiz nicht. Aber aus der Geschichte erkennen, daß immer der Geist der Epoche nicht das Ergebnis, sondern die Seele des Kunstschaffens ist, muß vor allem erreicht sein!

Was uns not tut ist: Uns an der ewigen Haltung edler Gestalter zu bilden und jenen Gesetzen und Zusammenhängen öffentlichen und künstlerischen Lebens nachzuspüren, die niemand ungestraft mißachtet oder verhöhnt. Darüber hinaus gilt es noch immer das Urteil über germanische und altdeutsche Kunst von dem Odium zu reinigen, als wären wir unvermittelt und verdutzt aus dem Inferno der Barbarei ins künstlerische Elysium des römischen Kulturkreises getreten. Wenn selbst ein Dehio über Einhard, den Lebensbeschreiber Karls des Großen, meint: „In Steinbach zeigt er sich als ein dem Barbarischen entronnener Geist —", so mögen wir ermessen, wie nötig ein bewußter Kampf um das Bild der Frühzeit geführt werden muß.

Dieser Bau in Steinbach ist im sogenannten „romanischen" Stil erbaut. Der Germane konnte sich von alters her als Meister des Holzbaues betrachten. Nunmehr schritt man erstmalig mutig hinüber zum reinen Steinbau. Die frühesten deutschen Leistungen zeigen bald, wie rein und klar und wahrhaft großartig der Germane das Wesen des Steins erfaßte und auf Anhieb mit diesem Stoffe baute, daß alle Stilepochen nachher ihr Höchstes zu zeigen hatten, um ein Gleiches zu erreichen.

Diese Bauten suchen eine Entsprechung in den romanischen Ländern vergeblich. Deutsch ist ihr Wesen, ursprünglich und urkräftig: Ein Bild der ernsten Ruhe und sicheren Stärke der Seele.

Wie Hohn mutet es uns daher an, daß wir diesen Stil den „romanischen" nennen. Ein französischer Kunsthistoriker hat um 1820 diesen irreführenden Ausdruck geprägt, und wir übernahmen ihn ohne Widerspruch.

Der Bau diente damals in den weitaus meisten Fällen dem Gottesdienst. Aber die Baumeister sind überwiegend Laien gewesen, wie aus den Personalaufzeichnungen der Urkunden hervorgeht. Wie groß müssen Disziplin und Können gewesen sein, wo damals nach nur wenigen schematischen Skizzen und Maßen gearbeitet wurde. Eine **Fülle** unmittelbarer Eingebung strömte in die wechselreiche Gestaltung ein. Handwerkliche Zucht hatte sich liebevoll die Seele des Steines errungen.

Die **damals** mehr tätigen als oratorischen Mönchsgemeinschaften haben viel gebaut. Aber die ragenden Projekte der mittelalterlichen Jahrhunderte sind so bekannt wie ihre Gründer und Vollender, denn es lebte keiner der großen politischen Gestalter unter den Gekrönten des deutschen Volkes, der nicht sein Denkmal uns hinterließe in einem Bauwerk von enormer Ausladung.

Karl der Große baute seine „Kapelle" so gewaltig, daß weithin der Ruf seiner Großartigkeit drang. Dieser erste Steinbau Deutschlands ist vom **fränkischen Meister Odo von Metz**. Seine vorromanische Zentralanlage deuten wir als Hinweis auf die imperialistische Weltstellung, die er in Anklang an Bauformen oströmischer Kaiser wählte. 798, zwei Jahre **vor** der Kaiserkrönung, begonnen, ist der Bau die Verkündigung universaler Machtgedanken.

Die größte Bautat des 10. Jahrhunderts gehörte nicht weniger dem deutschen König Otto I. mit seinem Magdeburger Dom. Bamberg ist eine nicht minder persönlich betriebene Schöpfung Heinrichs II.!

Ein echter und unverfälschter Laie folgte auf ihn, herrisch mit der Kirche verfahrend, der ihren Besitz lieber schmälerte als ausstattete. Was aber hat dies mit seiner Baulust zu tun? Und in welcher Art Bau konnte er die stolzeste Verwirklichung seiner Herrscherwünsche erfahren? Es war jene Kirche, die er als ausgedehntesten Bau des Hochmittelalters begann: der Speyerer Dom. Bedenke man aber, daß die damalige Stadt nur 5000 Menschen zählte, welche alle zusammen den Bau nicht zu füllen vermochten! Vor solche Bauten führen wir gerne jene schreckhaften Kleingeister, die über die Dimensionen moderner Baupläne ihr hysterisches Lamento aufschlagen: Ein bedeutender Geist wird stets über die Alltagsbedürfnisse und das leidige Mittelmaß sich erheben. Nicht selten wird aber der befangene Zeitgenosse es als Hohnspruch gegen **seine Einsicht** empfinden, wo ein Herrenmensch in architektonischen Großtaten seiner Empörung über die banale **Norm** Luft verschafft.

An dieser Stelle sei gesagt: Was dem **Erbauergeschlecht** oft als ein übergroßes Opfer erscheint, weil es die Abmessungen **gegenwärtiger Bedürfnisse** überschreitet, das haben nicht selten die Nachgeborenen als willkommen vorgefunden. Immer jedoch war das räumliche Ausgreifen nur die Endwirkung eines Dranges, der auch sonst auf allen Gebieten das enge Herkommen sprengte. Eine edle Gesinnung, die in der ewigen Form der Steine sich vor uns aufrichtet, wird später den bedrohten Zeiten einen mächtigen Halt bieten und allen gutwilligen Eiferern für immer ein Antrieb sein.

In den Städten stiegen Dome und Kirchen, aus den Antrieben stolzen Machtgefühles begonnen, über die bescheidenen Giebel hinaus und erschienen als eine dem **Einzelnen unerreichbare Auftürmung von Würde und Verehrung**. Die Gemeinschaft hat sich ein sakrales Gewand umgeworfen!

Aber schon Barbarossa hat weltlichen Frohsinn **weltlich** bekannt. Die Burgen seiner Ministerialen wuchsen aus großbäuerlichem Wohlstand heraus zu einem nicht selten hochgespannten ritterlichen Stolz. Auch in seinen vielen Pfalzen, die man auf 150 schätzen mag, konnte man den Frohsinn, die maßvolle Haltung und die Weltfreude des Edelmannes hineinbauen. Das Mönchtum dieser Tage hatte sich in eine andere Art Furor des Religiösen gestürzt. Der praktische benediktinische Tätigkeitssinn hatte einem Kampf gegen alle Weltlust weichen müssen, und darum überließ man so weitgehend dem profanen Zwecke die Baulust.

So bleibt uns denn nicht verborgen: Jede feinste Regung im Zeitgeschehen zeichnet sich ab im stilistischen Diagramm der Geschichte. Aber nicht etwa die äußerlichen Zufälligkeiten, sondern der Geist selbst fordert und erhält seinen Niederschlag.

Die Italienzüge der mittelalterlichen Jahrhunderte erneuern immer wieder den Wettstreit und damit jenes geistvolle Wechselgespräch der bildenden Künste zwischen dem Süden und dem Norden. Dort suchten zu allen Zeiten die heimischen Künstler die Auflösung der kräftigen Akkorde in Ordnung, Klarheit und wahrhaft ruhender Kraft. In Deutschland aber durchbrach die Naturkraft der Phantasie die göttlichstille Regel. Bewegung und Spannung rufen und erwidern wechselseitig. Am Ende steht oft bei uns nicht die Lösung, sondern die göttliche **Frage**. Der Süden gehorchte allzeit gerne dem Wesen des Steines. Er diente der Schwere, der Masse, dem Raum. Dem Deutschen mußte bald der **Stein untertan** sein, und er zwang ihn, die Kraft deutlich zu machen, die sich in kühner Bewegung erhebt in der Gotik des Nordens.

Heimisch war sie nur bei den germanischen Menschen, vor allem Nordfrankreichs, Deutschlands.

Es ist ein Zeichen für selbstgetreue Art, daß die Baukunst von den Einflüssen des Orientes nichts wahrnahm, sondern gerade zur Zeit der Kreuzzüge die Geburt der germanischen Gotik vollzog. Spät, unwillig und unbedeutend ist die gotische Nachfolge der romanischen Länder. Der Streit des Kaisers gegen den Papst hat die Geister erzogen zu Straffheit und Entscheidungswillen. Die Hochspannung solcher Tage findet in der Architektur ihre Verewigung.

In der kleinen neugegründeten Stadt Freiburg i. B. wird eine Pfarrkirche gegründet: das Münster. Wieder wie bei Speyer ein Riesenbau auf den schmalen Schultern der wenigen Bürger. Solcher Baugeist konnte damals selbst bei den fanatisch aszetischen Zisterziensern nicht ertötet werden. Wiewohl in gewissenhaftem Gehorsam gegen die Doktrin, die ihnen zahlreiche Stilelemente der Gotik glatt untersagte, vollbrachten sie dennoch Werke, wie den Altenberger Dom, die zu dem männlichsten gehören, was von jenen Tagen auf uns kam. Dies ist ein Beweis für den unzerstörbaren Gestaltungswillen, der über den Sonderwillen eines Ordens hinweg nach der ewigen Offenbarung der Form strebte. Der Geist der Epoche schlug bald vollends durch: Die Unnatur hat mit ihren besonders verhängten Interdikten nicht das letzte Wort! Zu Maulbronn, Ebrach (Franken), Walkenried, Ottersbach entstanden Zisterzienserschöpfungen von herber Schönheit. Die Formentwicklung spottet der dogmatischen Forderung: die späteren Bauten der Zisterzienser in Österreich widerlegen die Vorschrift. Die Kreuzgänge von Zwettl, Heiligenkreuz und Lilienfeld sind von frohester Pracht und als Szenerie einer glücklichen Fürstenhochzeit geeigneter denn als Ort, wo sich dieser Orden seine Grundsätze suggerieren sollte.

Wer an der Kunst wahrhaft teilhat, der erlebt, wie des Wachstums Allmacht die gewollte Grenze mißachtet und innewohnende Kräfte des Menschen doch ins volle Recht setzt. Blut und Rasse als Ausdruck göttlicher Bestimmung nehmen ihren Weg und widerlegen zuletzt jede Lehre, jeden Willen, der nicht aus ihrer Wurzel Nahrung zog.

Nicht aus theologischen Meditationen, sondern aus dem heiligen Behagen an der Baulust, aus Herrentum, Stolz und Macht, die nach symbolischer Darstellung riefen, ist im Grunde das Große emporgestiegen.

Das Langhaus des ewigen Münsters zu Straßburg ist nicht vom Bischof erbaut, sondern vom Stadtvolk. Beide lagen in erbitterter Fehde. Die blutige Schlacht von Hausbergen im Jahre 1262 brach die bischöfliche Herrschaft. Die Bürger aber bauten auf ihre Art sich ihr Siegesdenkmal im Münsterlanghaus, kostbarer, als die Mittel eines Geschlechts es vollbringen konnten! Man hat ja nicht gesiegt, um dem Augenblick zu frönen, sondern um der Jahrhunderte willen. Damals wird man gesagt haben: Mögen sich kommende Geschlechter der begonnenen Sache würdig erweisen! Zwischen Bürgerschaft und Kapitel ward eigens vertraglich festgesetzt, daß die größere Last der Fürsorge für den Bau künftig die Laien sich zur Ehre anrechnen dürfen.

Der Dom zu Köln wurde ebenfalls vom stolzen deutschen Hansestädter weitergeführt, als 1288 in der Schlacht von Worringen die Bürger ihrem Bischof eine Bescheidenheit beibrachten, die ihm als Priester wohl angestanden sein sollte. Das Münster zu Ulm ist als Siegesdenkmal zu betrachten. Die Stadtherren als Führer des schwäbischen Städtebundes ließen es errichten nach jenem Sieg über Ulrich, den Grafen von Württemberg, bei Reutlingen im Jahre 1377. Der höchste Kirchturm, die „riesigste Pfarrkirche der Welt" entstand. Sie gibt Raum für 29 000 Menschen. Die Stadt zählte mit Greisen und Kindern 12 000 Seelen.

Die Dome des Mittelalters sind gegründet oder vollendet aus Antrieben einer königlichen Führung oder volkhaften Selbstbewußtseins. Des Volkes Sinn allein erhielt Gestalt in Domen, Pfalzen und Burgen.

Wundert es uns darum, daß unter den Künstlern, die der Böhmenkönig Kaiser Karl IV. in Prag schaffen ließ, auch nicht ein einziger Nationalböhme zu ermitteln ist? So nennen wir Peter Parler aus Schwäbisch-Gmünd als den Fürsten unter den Prager Baukünstlern, der dem Dom zu Prag seine endgültige Form gab.

Wo wäre die Welt in der Lage, auf ein zweites Ostpreußen hinzuweisen? Wo blieben die Bauten bei der Kolonisation Mittelamerikas, wo stehen die baulichen Erinnerungen der gigantischen nordamerikanischen Kolonisation?

Tapfere deutsche Baumeister, die Mauern, Türme, Kirchen und Burgen in die Höhe trieben, während ihre Brüder mit Slawen und Litauern abmachten, wer siegen oder sterben müsse! Mitten im harten Krieg hatten sie Zeit und Kraft, dem deutschen Kulturwillen sein steinernes Widerbild zu geben: Das Ostland erhielt die Weihe deutscher Kultur. —

Der Dom zu Frauenburg, mehr aber noch die Zahl der Soldatenburgen sind uns ewig Liebe und Stolz. Kein Bauwerk des Mittelalters übertrifft die Marienburg. Niemand wird jenen Tag vergessen, da er erstmals in Ehrfurcht jene Stätte betritt! Er mag viel in Europa gesehen haben, nie aber wird er sich entsinnen können, ein Königschloß von solcher Ausladung und solch großartiger Gesinnung gesehen zu haben.

Die Burgen sonst hatten wenig Gepränge, und ihre Gestalt war mehr diktiert von den Forderungen der Notwehr als vom Wunsch nach schmückender Pracht: Jene „Burgen" aber, nach denen wir die Bürger benennen, traten bald an die Spitze baulicher Unternehmungen. Die Türme als die weithin sichtbaren Hoheitszeichen wuchsen gegenüber dem Kirchenschiff ins Überdimensionale, gleichsam als wären sie nicht die Türme der Kirche, sondern der ganzen Stadt. Ein ehrgeiziger Wettstreit war entfesselt. Die Adelstürme der italischen Städte wiesen den Stolz der Erbauer und ihre glanzvolle persönliche Stellung aus. In Deutschland aber führte die Gemeinschaft nur Monumentalbauten auf und der edle Bürger nur sein innig-prächtiges Haus.

Der Germane liebte an seinen Bauten anmutige Willkür. Er vermied die starre Ruhe der Symmetrie, um das Auge so in Bewegung, den Geist in wohltuender Spannung zu halten. Erst recht kennt natürlich sein Stadtbild meist nicht die Planung oder gar die despotische Regel. Dafür aber entstand eine mittelalterliche Straße bei aller überreicher Vielfalt der Ideen von Fassade und Schmuck, in einer seelischen Einheit, um die wir Heutigen sie beneiden. Ohne Ämter für die Wahrung städtebaulicher Würde leisteten die Baumeister das Beste: Sie vermieden brutale Eigensüchte, und besser als ein Gesetz es erzwingen könnte, wirkte ihr korporatives Empfinden. Jeder Bauschöpfer war ein Meister des Handwerks, und aus der Seele von Holz und Stein holte er jene gelassene Sicherheit, welche das Gesamtbild zum wenigsten stets vor unwürdigen Dissonanzen bewahrte.

Bei aller Willkür und Ichbetonung der neueren Häuser und Straßenzüge entstand dennoch im Ganzen eine unerträgliche Monotonie. Die erzählfreudige Vielfalt einzelner Bauten etwa aus dem 15. und 16. Jahrhundert zauberten uns unvergeßliche Gesamtbilder, in denen selbst unsere Erinnerungen noch allzu gerne Umzug halten. Die Bauten spiegelten den Reichtum deutscher heimatbeschwingter Vielfalt wider. Konnte man einst unmöglich ein Lübecker Haus nach Goslar, eines von Ulm nach Nürnberg verpflanzt denken, so entsteht später ein Haustyp, der einem in seiner gleichförmigen, stupiden Kälte in Paris, in San Franzisko, in Belgrad und Berlin den nahen Bahnhof ankündigt.

Die Befestigung der Stadt war nicht nur nicht ein lästig-notwendiger Frondienst, sondern ein begierig erfaßter Anlaß baulicher Gestaltungskunst. Weit über den dürren Zweck hinaus empfing das Gemeinwesen hier durch majestätische Quader ein Gepräge, das den Belagerern viel Geduld, aber nicht selten von vornherein ebensoviel scheuen Respekt abrang. Eine Stadtmauer war für die geschlossene Einheit einer Bürgerschaft mehr als nur ein Akzent auf die Raumgeschlossenheit, sondern eine Demonstration von Trutz und Stolz. Sie war der steinerne Reifen, der aus tausend spröden Stäbchen ein nicht zu brechendes Liktorenbündel zusammenzwang. Sie sollte den Feinden ein ragendes „Halt" entgegenrufen, den Bürgern aber täglich von trutzigen Kanzeln herab beredte Predigt halten von des Stadtwesens Einheit und Macht. Selbst zu der Zeit der aufkommenden Artillerie ließ man nicht sobald von Mauerturm und Toren. Im Schaugepränge der Befestigung manifestierte sich der hochfahrende deutsche Bürgersinn. Die Tore gaben der Stadt nicht so sehr ein nach innen gewendetes Leben als dem gerne aufgenommenen Fremden den imposanten Empfang und das Bewußtsein, daß er von nun ab sich in der selbstbewußten Gemeinschaft einer Stadt befinde. Vom wehrhaften Tor zu Ravensburg über den großartigen Bau zu Xanten, die reichen Formen zu Weißenburg und Ingolstadt kommen wir zu immer kostbareren Toren. Ja erst nach 1400 beginnt der Bau jener norddeutschen Prachttore: das Krögeliner Tor in Rostock, das Stargarder Tor zu Neubrandenburg, das Lübecker Burgtor vom Jahre 1444, das Holstentor von 1466 führen eine Entwicklung, die dem deutschen Sinn für Reichtum und formaler Pracht entsprungen war, zu Ende. Rathäuser, Gerichts- und Verwaltungsbauten, Tanzhallen, Marktgebäude, Zeughäuser — wem dämmerten nicht tausend Bilder der deutschen Heimat herauf?

Freilich: Nur die Begnadeten eines edlen Volkes geben, was kein Reichtum gibt und keine Macht erzwingt.

Aber wüßte die Welt, wieviel herrliche Gedanken ungeplant, wieviel majestätische Pläne unausgeführt blieben, weil Händlergeist, Stumpfsinn oder Arroganz höheres Leben erstickten oder den zarten Boden der Kunst mit Salz bestreuten — die Menschheit würde die Hände ringen! Möge man doch erkennen, daß jeder Große eine Verdichtung des Zeitgeistes darstellt! Wie es wahr ist, daß Männer die Völker aus ihrer Verzweiflung ans Licht führen und in die Macht emporheben — so ist ebenso unbestreitbar, daß kein Genius erscheint, der nicht von der Hoffnung der Millionen herbeigesehnt wird. Den deutlichsten Niederschlag findet die Doppelseitigkeit menschlichen Schaffens in der Architektur. Die großen Meister innerlich großer Epochen brauchen dazu noch den hochgesinnten Bauherrn, der Besitz und würdigen Auftrag, Macht und Verständnis in sich vereinigt: Beide Elemente vereint erst geben den köstlichen Stoff!

Die Spur der öffentlichen Hand, der Macht, der Politik ist sichtbarer als viele zu erkennen vermögen. Der harte Wille allein schafft noch nicht jene feinsinnigen Werke, zu denen alle folgenden Geschlechter dann wallen. Aber ein gütiges Geschick hat schon tausendmal die Kraft des Bauherrn verknüpft mit der künstlerischen Gnade des Entwerfers.

Der kunstreiche Westen und Süden kann keine mittelalterlichen Rathäuser zeigen, so imponierend wie der Norden und Nordosten. Ja selbst kleine Städte, wie Rostock, Münster, Lüneburg, Thorn, Stralsund, ließen mit ihrer Rathausarchitektur die volkreichen, berühmten Metropolen des Handels und des Gewerbefleißes weit hinter sich, selbst Mainz, Straßburg und Köln! Der Wille zur Macht und zum achtunggebietenden Würdegefühl war der Vater dieser Schöpfungen.

Selbst recht nüchterne Zwecke inspirierten Bauherren und Baumeistern großartige Absichten. Der Nürnberger Kornspeicher, der später die Kaiserstallung genannt wurde, ist vom hochberühmten Hans Behaim erbaut. Einer der größten Steinbildhauer seiner Zeit, Adam Kraft, schuf den Portalschmuck. Wer kennt nicht das Hildesheimer Knochenhauer Amtshaus, die Augsburger Fleischhalle, die Spitäler von Augsburg, Lübeck, Goslar! Hier baute die Stadt, und alles, was errichtet wurde, erhielt als einzig echtes Hoheitszeichen den vornehmen Geist, der den Bau vom Grundstein bis hinauf in die Giebelornamente durchlebt.

Die Kunst ist sehr weit eine freie, imaginäre Welt. Stein, Farbe und Töne sind nicht soviel der Unterdrückung und Verfolgung ausgesetzt, wie die Absicht des Politikers, das Denken der Menschen zu ändern und schonungslos die Folgerungen daraus zu vollstrecken. Daher auch meldet sich eine kommende Epoche recht bald im Bilde der Kunst. Der Wandel der Gefühle hatte allzeit in der Kunst ihre früheste Morgenröte.

Als sich der Kampf der Renaissance gegen die Mystik, der nationalen Leidenschaft gegen verschwommenen Imperialismus anmeldete, der Geist würdiger Freiheit gegen die erstarrende Magie der alten Kirche aufstand und ein nie gekannter Aufruhr sich der Gemüter bemächtigte, jeder, aber auch jeder wache Geist Partei ergriff und litt und stritt für oder gegen die gerechte Sache: da war die Zeit für Dürers Passionen und Holbeins Totentanz, nicht aber für die langsame und eindringliche Sprache der Steine. Das gedruckte Bildblatt und die Neuerung Gutenbergs wollten und wirkten das gleiche. Solange man nicht wußte, ob man der Auferstehung oder der Todesahnung die künftige Vollendung und den Fortbestand begonnener oder bereits abgeschlossener Bauten überantworten darf, stritt man mit der leichten, aber scharfen Klinge des Stiches oder Holzschnittes. Rötelstift, Stichel und Pinsel waren die Waffen des Angriffes. In der heiß umtobten Entscheidung ritten die beweglicheren Künste ihre überraschenden, entscheidenden Kavalkaden.

Die Baukunst trat für Jahrzehnte wartend und stumm zurück. Sie gehorchte dem Geist der Epoche. Dieser aber war dämonisch lebhaft, und nie hat die bildende Kunst zu derselben Zeit einen solchen Segen bedeutendster Begabungen erlebt: Dürer, Holbein, Burkmaier, Krafft, Veit Stoß, Riemenschneider, Altdorfer, Peter Vischer, Cranach —! Aber keine Architektur! Der Bau ist eben der unmittelbarste künstlerische Ausdruck politischen Lebens. So wie jene heroischen Tage ohne politische Führergestalt blieben, haben sie auch keinen einzigen Bau von Bedeutung hervorgebracht!

Habt acht, die neue Zeit ist eine andere: Peter Vischer und Hans Bachofen, die prächtigen Bildhauer, haben keinen Altar mehr geschaffen! Der Künstler löst sich aus dem Kreise, der Volk und Kirche dicht umschloß. Er sucht und wählt seine Themen aus dem reichen irdischen Leben in Kampf und Frieden. Menschenschönheit, Natur, Daseinsfreude treten in jenes Recht, welches seit den Tagen des Altertums außer Kurs gesetzt war. Tausendmal mehr als die trockene Begeisterung der Literaten — der humanistischen Schriftgelehrten — bedeutete der künstlerischen Formkraft das Vermächtnis der bildenden Künste aus der Antike. „Gott hat uns nicht geschaffen, daß wir uns sollten entschlagen der Welt." Diese Worte Sebastian Brants haben Sinn und Freude jener Tage ausgedrückt.

Ja, über die Dauer seines Lebens hinaus will der neue Mensch in dieser Welt Achtung und Macht. Papst, Kaiser und Fürst sind erfaßt von diesem Begehren: Sie alle schaffen zu Lebzeiten sich ihre Grabmale zur eigenen Verherrlichung.

Eine Erkenntnis war Maximilian hell geworden wie wenigen zuvor: „Wer ime in seinem leben kein gedächtnus macht, der hat nach seinem todt kein gedächtnus und desselben menschen wirdt mit dem glockendon vergessen...", „und das geld, das erspart wird zu Meiner gedächtnus, das ist eine unterdrückung Meiner künftigen gedächtnus."

Ist das nicht schon bescheiden angerührt, der Unterton des Führerwortes: „Kein Volk lebt länger als die Dokumente seiner Kultur." Nur deutschen Künstlern ließ jener Kaiser an seinen Plänen die Gestaltung. Aber dieser Mann ist ein anschaulicher Beleg für die Erkenntnis: der starke und gute Wille genügt nicht. Man muß die Verkörperung von Idee und Macht sein und einen begnadeten Sinn für die Künstler besitzen, die man ruft, um kongenial mit ihnen das bauliche Gesicht der Epoche zu entwerfen. Die Trefflicherheit seines künstlerischen Sinnes war nicht stets über das Lob erhaben, und außerdem war der Strom seiner Phantasie zu ungebärdig. Die Disziplin und Härte des Vollenders wäre nötiger gewesen als die Überfülle der Absichten.

Die Stilentwicklungen zu verfolgen, zu prüfen, ob barocke Formelemente schon in der Spätgotik vorwalten oder erst aus Renaissance über den Manierismus hervortreiben, kann hier nicht fesseln. Es gilt, im Sinne der lebenumspannenden Überschau des Nationalsozialismus die Berührung und wachstümliche Durchdringung der einzelnen Lebensbezirke aufzuweisen. Denn die Führung unsres Volkes, die sich um alles Gedeihen und besonders um die Bauten der Kunst besorgt weiß, hat einen Einfluß und damit eine Verantwortung, die den früheren Geschlechtern nicht klar genug war. Die Führung des deutschen Volkes aber stellt eine Bauhütte dar, welche die Weisheit des Staatsaufbaues beherrscht und die Erkenntnis dieser Zusammenhänge zwischen Kunst und Politik ihren Allgemeinbesitz nennt.

Vor allem lerne man vertrauen in den unverletzlichen, unverfälschbaren Kern des deutschen Wesens gerade aus der Betrachtung der Kunst. Wir haben aus dem Süden und Westen tausend Ströme ins Land geleitet. Aber selbst die sogenannte Renaissance ist nichts weniger als undeutsch. Wir möchten jenen kennen, der den Ottheinrichsbau zu Heidelberg, den Fürstenhof zu Wismar, die Torhalle des Schlosses zu Brieg, den Innenhof der Plassenburg als italienische Renaissanceschöpfungen betrachten könnte. Wer nur Plagiator ist, muß schon getreulich stehlen, wenn er nicht in den nahen Abgrund der Gefühlskälte und unverschämten Plattheit treten will.

Nein, ein Aschaffenburger Schloß ist als Renaissancebau so deutsch als großartig, so großartig als deutsch. Wir müßten nicht glauben an Rasse und Blut, an Blut und Seele, an Seele und Kunstwerk, wenn wir den deutschen Baumeistern zutrauten, daß sie über Jahrhunderte

— 5 —

hinweg ihres Volkes Art jemals hätten verlieren oder verraten können!

Viel eher hätten wir Grund, beschämt und traurig zu sein, daß spätere Geschlechter, besonders im 19. Jahrhundert, einen wahren Abbruchsfeldzug gegen alte Bauten unternahmen und dabei unersetzliche Werte zerstörten. So hätten z. B. das herzogliche Lusthaus in Stuttgart, die Pracht der Tore Kölns nicht abgerissen zu werden brauchen und dürfen, so hätte das älteste deutsche Rathaus, jenes zu Gelnhausen aus dem 12. Jahrhundert, nicht unbedingt so geistlos und unfähig erneuert werden müssen.

Hätte man dem deutschen Volk mehr Ehrfurcht und Verständnis für den Geist der Vergangenheit und deutsche Art schlechthin anerzogen, so hätten genug Männer aufstehen müssen, um solchen Murksern in den Arm zu fallen. Jawohl, auch das muß laut gefordert und unermüdlich wiederholt werden: Das ganze Volk muß, soweit es möglich ist, in den Geist seiner Meisterwerke eingeführt werden. Das Schaffen der Gegenwart wäre sinnlos, wenn es nicht auf die Verehrung der Nachwelt zählen sollte. Dies von der Zukunft zu fordern haben wir nur das Recht, wenn wir nicht zögern, der Vorwelt jene Huldigung zu weihen, die ewig nur einem wahren Verständnis entsteigen kann.

Alle Deutschen seien aufgefordert, die Macht der Gemeinsamkeit zwischen Baumeister und Volk zu begreifen und einzusetzen. Was dies bedeutet, vermag jeder aus dem Werden des unvergleichlichen Augsburg zu erkennen. Wenn eine Generation ausgefallen und ein Mann unterdrückt worden wäre, so bedeutete uns diese Stadt nicht eine Krone der Architektur, sondern eine Stadt unter vielen. Getragen von der hochgemuten Bürgerschaft Augsburgs stieg Werk und Ruhm des Elias Holl in wenigen Jahrzehnten zu einer Bedeutung, die kaum ein Städtebauer vor und nach ihm erlangte. Er war der Genius, den gleichsam seine Zeit mit der Seele suchte und umgekehrt: seine kühnen Ideen packten das aufgeschlossene Herz und den Herrensinn seiner Landsleute. Im Alter von 13 Jahren begann er von der Picke auf, führte die Kelle und den Hammer. Zeughaus, Stadtmetz, Spital, Kaufhaus, Wertachbruckertor, Rotes Tor und viele andere Bauten schenkte er seiner Vaterstadt. Bürger und Baumeister gaben einander nichts nach an stolzer und entschlossener Art. Wir wollen und werden dem ganzen Volke den Glauben erkämpfen, daß seine Genien nur einem Geschlechte zufallen, das würdig ist, sie in ihrem Bunde zu empfangen!

Was soll es, wenn Spießbürger die Nase rümpfen über den Abbruch von kunstfremden Wohnhausblöcken in München und Berlin? Die glorreichen Zeugen unserer deutschen Erhebung sollen erst nochmal irgendwo in die Schule gehen und dort erfahren, daß nicht nur ein Hausmann für Napoleon III. Riesenstraßenzeilen freilegen ließ, sondern daß selbst kleinere Leute, wie die Salzburger Bischöfe Wolf Dietrich und Marx Sittich, ein gleiches Unterfangen wagten, um damit Salzburg nicht nur sein Gepräge, sondern seinen weitverbreiteten Ruf zu geben.

Viel zu wenig ist das bemerkenswerteste Beispiel des 17. Jahrhunderts bedacht worden: Der Herzog von Friedland. Steil zur Höhe der Macht emporgekommen, hat Wallenstein doch in den wechselvollen, spannungsreichen Kriegsläuften Zeit und Mittel aufgebracht, in Kürze im Palast zu Prag sich das Attribut seiner Macht zu schaffen und daneben andere Bauten von echtem Reiz im Lande aufzuführen. Wir müssen das deutsche Volk auf diese Vorgänge hinlenken, damit es bis ins Innerste vorbereitet ist, erst recht die Berufung der Architektur der heutigen Tage zu begreifen.

Das Zeitalter des absoluten Fürstentums gibt dem Bauen neue Projekte. Der Auftraggeber ist nun immer weniger das Volk selbst. Bauern, Bürger und Adel waren politisch bis zur Ohnmacht gebeugt. Der Fürst war ein Mann seines meist recht begrenzten S t a a t e s. Von V o l k zu sprechen wäre Hohn, im Namen „Bevölkerung" oder gar, wie es damals hieß, „Population" liegt beleidigende Blässe. So war der Dynast kein Wortführer des deutschen V o l k e s, der wie H e i n r i c h II. oder K o n r a d II. dem deutschen Menschen seine Andachtsstätten baute. Er gab Schlösser und Gärten in Auftrag, die meist seiner Belustigung, seinem Genuß, seiner Repräsentation zugedacht waren. Dennoch können wir den Wetteifer im Prunk der Fürsten nicht beklagen, da er doch so reiche Schöpfungen gebar, wie sie heute zur Erbauung des schönheitsfrohen deutschen Volkes freistehen.

Der Barock, dessen Grundstimmung den Wünschen jener Despoten aufs angenehmste entgegenkam, erfüllt auch die katholische Kirchenbaukunst mit neuem, ungewöhnlichem Leben. Die Gegenreformation hat in feurigem, greuelerfülltem Ansturm den deutschen Süden ergriffen. Die Sinnesfreude der künstlerischen Strömung ermutigte und ward ermutigt durch die neuerliche Verwandlung der kirchlichen Absichten. Der fast völlig bauliche Stillstand des 30jährigen Krieges war eine bedenkliche Zäsur, geeignet, als Memento zu wirken auf alle, die so leichthin von der Eigengesetzlichkeit der Kunst flunkern. Denn während Deutschland im 17. Jahrhundert das Schlachtfeld Europas war und seine Kunst fast erstickte, hatte Holland seine großen Tage, sprach Frankreich vom grand siècle: die Politik ist Schicksal in der Kunst!

Die Zusammenballung der politischen Macht in Frankreich bestellte den König zum überragenden Bauherrn. Mit viel Recht benannte man Stile nach den jeweils herrschenden Königen. In Deutschland aber redet man weniger von den Auftraggebern als von den wahrhaft bedeutenden Meistern des nunmehr kommenden Barockes: Balthasar Neumann, Fischer von Erlach, Dominikus Zimmermann, Cosmas Damian Asam, Egid Quirin Asam, Stengel u. a.

Zu den Altstädten traten als Erweiterungen planmäßig entworfene Neustädte. Der Gedanke der uns heute

— 6 —

so wohlvertrauten städtebaulichen Planung ist der Ausdruck der Befehlsgewalt und zentralisierten Disziplin der Staatsführung. Sollte da der Führer als Herr des Dritten Reiches zögern, seine Pläne in den großen deutschen Städten zu verwirklichen? Soll ein Drittes Reich sich bescheiden angesichts der planmäßigen Erweiterungen in Dresden, Bayreuth, Kassel, Erlangen oder gar der Neugründungen von Karlsruhe und Mannheim? Städteplanungen und Schlösser entstanden auf Willen und Wunsch, oft auf genau entworfenen Befehl des Herrschers. In dem Bauzwecke aber muß — dies ist ein kategorisches Gesetz — im sinnfälligsten Zweckbau der Geist der Epoche seinen sprechenden Ausdruck erhalten.

Nur da, wo die Macht des Politischen und des Geistigen in einer Hand liegt, kann große Architektur sich bilden.

Der Flötenspieler von Sanssouci war nach seiner Herzensneigung Freund der Dichtkunst und Musik, Philosophie und Wissenschaften. Aber er hätte kein König von königlichstem Stoffe sein dürfen, um nicht auch ein Gönner der Baukunst zu werden. Der Große Fritz hat sich nicht nur am Rande der Dinge mit diesen Aufgaben beschäftigt. Es war Mut und Frische, die ihn einen Dilettanten, einen Offizier als Baumeister berufen hieß. Aber sein überlegener Jugendfreund Knobelsdorff schenkte uns im Berliner Opernhaus und mehr noch im Sanssouci zwei erlesene Werke. Wie persönlich dabei die Mitbestimmung des Königs war, ersehen wir aus den Spannungen, die alsbald zum Bruch mit Knobelsdorff führen. Der König forderte Flügeltüren in der Gartenfront von Sanssouci statt Fenster, Knobelsdorff also einen verbindenden Sockel. Darüber erfolgte der Bruch. Friedrich hatte sich nicht als Theoretiker gefühlt. Man möge wissen: Zu Meißen wurde und wird jetzt noch ein Speiseservice gefertigt, dessen Entwurf von keiner geringeren Hand ist als der des Siegers von Roßbach und Leuthen!

Die Baukunst ist ihm darüber hinaus ein Mittel, seinen Willen zu dokumentieren und eine Sprache zu reden, die ihr eigener Beweis schon ist. Gleich nach Ende des 7jährigen Krieges nach den fast tödlichen Erschöpfungen eines heroischen Ringens plante er den Bau des Neuen Palais. Als er unverzüglich damit beginnen ließ, wußten seine Feinde: Er bekundet, daß seine Finanzen nicht auf den Hund gekommen waren.

Friedrich, der nie Franzosen als Baumeister duldete, war der erste Souverän, der vom Barock klar und bestimmt sich abkehrte. Unter seiner Teilnahme und Förderung vollzog sich die Hinwendung zum klassizistischen Ideal.

In folgerichtiger Entwicklung und gleitenden Übergängen wandelte von Gotik und Renaissance die Haltung der bildenden Kunst sich bis zum rokokehen Ende des Barock. Hier war ein Ende, eine Sackgasse, und nur ein Sprung ins formale Neuland konnte erlösen. Das Neue damals war das Alte. Vergesse niemand, der das Neue um jeden Preis fordert, daß das Alte neu, wie das Neue alt ist! Hölderlin sagte dies so: „Ich wünsche um alles nicht, daß es originell wäre, denn Originalität ist uns ja Neuheit, und mir ist nichts lieber als was so alt ist wie die Welt." Dies Problem mag den Menschen von 1820 ebenso mit Gedanken beschwert haben wie die Beurteiler etwa der heutigen Neugestaltung Münchens.

Entscheidend ist nie so sehr die Anlehnung an irgendwelche formale Stilelemente, sondern die Gesinnung, der Adel, die Kraft und Götterfreude, die ein wahrer Genius verewigt in seinem Bild aus Stein und Mörtel! Nicht auf das Was, auf das Wie kommt es an! Man mag die Ludwigstraße zu München als ungermanisch und kalt bezeichnen und etwa auf die peinliche Verwandtschaft hinweisen, welche die Feldherrnhalle mit der Loggia di Lanzi in Florenz oder die Residenz mit dem Palazzo Pitti verrät. Größer als vieles Zeitgenössische ist die Baugesinnung Ludwigs I. doch gewesen, und turmhoch steht das hier Geschaffene dennoch über dem Protzentum der Gründerjahre. Wenn der Münchener Baumeister Klenze aus Eigenem weniger für die Bewunderung der Nachwelt übrigließ, so ist nicht der Stil, dem er sich anglich, schuld! Sein Zeitgenosse war der vielseitige, prächtige Schinkel, der geistvolle, edle Schöpfer der „Neuen Wache" zu Berlin. Unvermindert wird Schinkel eine Achtung verbleiben, die ihn in unserem Bewußtsein neben den großen Baumeistern vor und nach ihm bestehen läßt. Wäre ihm doch ein Schirmherr von Format vergönnt gewesen! Denn eines Bauwerks Krönung erblicken wir nicht in der Bescheidenheit von Rechnungen einer Firma, sondern in der Übereinstimmung von Zeitgeist, Zweck und Gestaltung.

Freilich ist es dem Baumeister weniger als anderen an der bloßen Absicht zu bauen gelegen. Nichtausgeführte Pläne sind für ihn ungeborene Kinder. Die Verwirklichung architektonischer Gedanken ist aber an höchst reale Umstände gebunden. Glücklich, wenn der Bauherr bei aller Kühnheit der Entwürfe ein höchst nüchterner Verwalter der materiellen Mittel ist wie Ludwig I. von Bayern. Was nützte die Großspurigkeit Augusts von Sachsen, der sich verzettelte in seinen Absichten und sich dann doch nicht die eiserne Zurückhaltung aufzwang, die ihm die völlige Konzentration der reichen sächsischen Finanzen auf große Pläne gestattete? Genau so umgekehrt: Was ist für einen Baumeister die götterhafte Laune, die seine ätherischen Träume gebiert, wenn er es an den technischen Fundamenten gebrechen läßt? Der große Hamburger Meister Schlüter mußte ja am preußischen Königshofe scheitern, nachdem sich der „Münzturm" in Berlin wegen des ungenügenden Untergrundes senkte, Risse zog und abgetragen werden mußte. Das war das Ende einer großen Künstlerlaufbahn! Er hätte auch die Technik beherrschen oder beachten müssen, bedenkt man, daß das Straßburger Münster auf den Pfahlrosten des 11. Jahrhunderts ruht!

Härte tut not! Wenn wir heute nicht mehr imstande sind, ein Stadtbild von solch imposanter Einheit, aus bürgerlicher Bescheidenheit, heroisch-lieblicher Landschaft, uralter Merowinger Burg und Festglanz bischöflichen Daseinsgenusses zu bauen, wie das ohne **Planungsbehörde** die Baumeister der Bodenseestadt Meersburg vermochten, so müssen wir eben auf die entschlossenste **Steuerung** hinarbeiten. Führung und Disziplin sind dann die Rettung!

Welch eine Aufgabe für die Baumeister unserer Tage! Aus einer lange währenden Sprachen ver wirrung gilt es hervorzutreten und die unerschütterliche Weisheit der völkischen Deutschheit zu reden!

Kaum aber hören die Zeitgenossen die große Stimme, zergliedern sie das Einzelwerk in tausend Einzelheiten und fühlen sich nach heroisch durchgehaltener Philippika als jene Halbgötter, die so sehr über den Dingen stehen, daß schon deshalb sie den **Beweis** eigenen Bessermachens ewig schuldig bleiben dürfen. Ich glaube, man errät leicht, daß während dieser Betrachtung der Baugeschichte wartend im Hintergrund die neue Zeit und ihr künstlerisches Geschehen stand. Ich kann es mir also versagen, zu sprechen wie ein Naseweis. Niemand wird daher erwarten, daß jemand nunmehr jede neue Bauschöpfung vor den Katheder zitiere, um wie ein lässiggnädiger Souverän Bescheid zu verstatten, was er über sie zu befinden geruhe. Das hieße Lärm schlagen in der Werkstatt der Kunst, in welcher mit großen Lettern zu lesen steht: **Silentium!**

Gewiß, der Ärger braucht Luft. Diese aber sucht man am besten in einsamen Wäldern und nicht im Bereich der Arbeit. Vom **Berufenen** nur fordern wir den Charakter, der sich gegebenenfalls sogar im trotzigen Protest verdichtet. Die anderen mögen den Staub aufstören, aber nur, wo er nicht den Tätigen in die Lungen dringt.

Es wäre seltsam, wenn alle Bauten des Dritten Reiches, die mit nie gekanntem Schneid in verblüffender Kürze geistig bewältigt werden mußten und so rasch verwirklicht wurden, nun restlos alle jene klassische Vollendung, jene archaische Ruhe in sich trügen, die nur den wenigen ragenden Werken der abendländischen Kunst eingegeben ist.

Vor allem: Möge doch endlich die Zeit sich schüchtern anmelden, in der man aus den großen Torheiten der Völker die Lehre zieht! Lassen wir doch auch hin und wieder der Zukunft das letzte Wort! Bedenke jeder: Nicht er sei Pionier, sondern der **wirklich** Beauftragte.

Die Zeit aber versöhnt! Die **Dauer** allein entrollt das Pergament, daraus wir das **ewiggültige Urteil** lesen. Keine noch so große Ehrung eines Baumeisters zu dessen Lebzeiten kann das Urteil der Nachwelt schweigen heißen, und umgekehrt hat noch immer der Genius die Hydra des landläufigen Zweifels ausgebrannt mit der Fackel seiner Erleuchtung.

Goethe mahnt uns: „Die Kunst kann niemand fördern als der Meister."

Schaffen wir doch durch unser Hoffen und Sehnen, durch unseren Feinsinn und unser Verstehen jene suggestive Atmosphäre, in der unsere Baumeister zur höchsten Leistung angespannt werden und die Offenbarung erfahren mögen, daß nur die dem **eigenen** Inneren abgerungene Verantwortung ihm für ewig das ehrfürchtige Gedenken der Menschen sichert. Besonders wir an Lebensjahren jungen Nationalsozialisten haben nie gezögert mit unseren Hoffnungen. Aber wenn wir auch mit dem Mut von **Eroberern** künftiger Leistungen gedacht hätten, so wäre doch niemals vorstellbar gewesen, was uns ein Gang durch die diesjährige Bauausstellung zu München klarmacht: Das Vollbrachte ist unbegreiflich gewaltig! Und wenn man noch so viele künstlerische Fehler suchte, vor folgenden Tatsachen müßte jeder erstaunt haltmachen:

Die Unzahl der Aufträge,
Die Kühnheit ihrer Zweckgebung,
Der Wille zu Würde und Schönheit,
Die Entschlossenheit, für die **Jahrhunderte** zu sorgen,
Das hohe Bestreben, auf das Vorbild der Gegenwart die Zukunft zu verpflichten, und die Gewißheit, daß alles große Bauen gipfelt in den sakralen Werken einer heiligen Gemeinschaft der Deutschen.

Ein **Perikles** ist unserer Seele näher und vertrauter als **Alexander der Große**, weil er der Schirmherr der fruchtbarsten Baugeneration Hellas gewesen. Vor ihm verneigt sich die Nachwelt, denn: Die **Akropolis** wurde unter ihm die strahlende Monstranz seines Volkes!

Alles was gedeiht im völkischen Leben, braucht ja das Bauwerk. Der Wille zur gemeinsamen Arbeit führt zur Werkstatt und zur Fabrik. Die Verwaltung strahlt von ihren breitgelagerten Häusern aus, der Großverkehr verlangt Straßen und Brücken, die Feste ihre Hallen, die Feiern ihre Tempel. Wen wundert es, wenn der Krämer anders wohnt als der Kaufmann, der Kondottieri sich anders verewigt als große Helden und Führer eines Volkes?

Das volle, allseitige Leben selbst ist der große Bruder der Architektur!

Elias **Holl** hat seine Augsburger Bürger für die Ausführung des wahrhaft königlichen Rathauses gewonnen, weil er ihnen bedeutete, ein **heroischer** Bau nur wäre ihrer würdig. Was sollen **wir** erst nun tun, die wir einer sieghaften **Nation** Denkmäler zu schaffen haben! Einst war selbst die kleine Stadt nicht gewillt, ihren Gästen einen schlechten Willkomm zu entbieten, sondern baute so recht festliche Tore. Deutschland will darum nicht länger den Schiffen aus aller Welt Hamburgs Hafen so zeigen, als empfinge man sie am Eingang zur Hintertreppe. So muß die neue Stadt nicht nur nach der Alster, sondern auch nach der Elbe ein frohes Gesicht erhalten. Die Bauten des Dänen **Hansen** und das **Bismarck-Denkmal** dürfen nicht das einzige sein, was am Elbufer der Betrachtung standhält.

Nein: Der Führer baut über die Elbe Europas gewaltigste Brücke und damit Deutschland sein Tor zur Welt so groß, daß alle Fremden begreifen, was **wir** längst wissen: Deutschland ist ein einziges großes Haus, und seine Menschen sind verschworen wie eine vom Schicksal auf Leben und Tod geforderte Sippe!

Die Straßen des Führers enden daher an den Grenzen mit hohen Toren, die allen Gästen anzeigen, daß sie hier ins Land der Ehre und der völkischen Größe eintreten.

Unter diesem Winkel sehen wir auf die vielverheißenden Bauten unserer Hitlerjugend. Wo wir einst selbst vor 10 Jahren in behelfsmäßig eingerichteten Kellern, in aufgelassenen Stapelhäusern oder Dachböden in die Jugendherbergen krochen, da stehen heute schon heimatschöne Häuser schlicht und stolz und freudig hell. Das besagt: Unsere Jugend soll nicht zu geduldeten Bürgern und lästigen Bettlern erzogen werden, sondern zu stolzen Menschen, denen nicht minder als etwa den Engländern ihr Herrentum zu Gesichte steht!

Jeder deutsche Junge ahne und sehe aus der neuen Straße, der Brücke, den Kasernen und Flugplätzen, daß wir nicht nur großzügig verfahren, sondern daß die Ausführung erkennen läßt: Dies alles ist für Deutschlands ewigen Bestand getan. Die libri Carolini Karls des Großen weisen darauf hin, daß Holzkirchen keinen kostbaren Schmuck bekommen sollten, da nur Steinkirchen wirkliche Dauer hätten. Damals hatte man den bewußten Willen in die Jahrhunderte. Und wir?

Unsere Maurer sollen ihr Bestes geben! So wie die Kölner Handwerker erboste Flüche tun, wenn sie auf römisches Mauerwerk im Untergrunde kommen, weil es bis heute hart wie Stein geblieben ist, so soll im Jahre 4000 der Werksmann stöhnen, wenn er auf unsere Mauern stößt!

Denn unser Bauen will sein: die monumentale Bekräftigung unseres Glaubens an eine größere Zukunft! Laßt es uns so vollenden, als ob wir mit jedem Griff uns zu rechtfertigen hätten vor dem Forum der Ewigkeit!

Nie hatten Baumeister Schöneres zu vollbringen, nie eine solche glückliche Last von Aufträgen. Indem sie dem Volke Großes schenken, streiten sie in erster Front für die nationalsozialistische Bewegung.

Denn: Die Einheit Deutschlands sei sein Heiligtum. Durch nichts aber wird eine Gemeinschaft — nach des Führers Worten — stärker zusammengehalten als durch demonstrativ große Leistungen.

Die Bewegung ist mehr als ein löblicher Kunstverein und Adolf Hitler größer als ein Mäzen!

Er ist die Seele einer Nation! Er will in den Bauten seiner Lehre die abschließende Erhärtung schenken!

Es ist erschreckend, zu denken, wie manche Städte seit Jahrhunderten herabgesunken wären zu einem gemiedenen Menschenstau, wenn ihnen nicht aus fernen Epochen ihr steinernes Aristokratenantlitz geblieben wäre. In seiner Architektur müssen daher wir — die Generation der Erneuerung — ein Stück Ewigkeit der Zukunft als Mitgift vermachen.

Nicht Reichtum ist darzustellen, sondern die Kraft der Gesinnung! Der Kapitalprotz will mit Prunkfülle seinen Besitz legitimieren. Der Herrscher von Geburt aber deutet auf den Bau mit den festen Worten: Seht, dies ist das Angesicht meiner Macht!

Die späte Sage weiß, daß jenes ungeheure Kampfstadion zu Verona das Haus des Helden Dietrich von Bern gewesen sei. Wie herrlich, daß ein Volk seine Heroen in den unsterblichen Bauten wohnen läßt!

Baumeister, ans Werk! Deutschland muß feierlich großartig werden, würdig, daß es einst das Wohnhaus seines geliebtesten Helden geheißen werde!

Dieser aber ist der deutschen Baumeister größter Bauherr:

Der Führer Adolf Hitler!

BEHANDLUNG VON FRAGEN DER BODENMECHANIK UNTER GRENZ- UND ALLGEMEIN-WISSENSCHAFTLICHEN GESICHTSPUNKTEN

Von Dr.-Ing., Dr.-Ing. e. h. **E. Seidl**[1]

Präsident des Staatlichen Materialprüfungsamts Berlin-Dahlem

In wesentlichen Punkten erscheint eine vergleichende Betrachtung von Verformungs- und Festigkeitsfragen der Bodenmechanik und Bauforschung nach den Grundauffassungen möglich, die in den „Leitgedanken einer neuzeitlichen Werkstoff-Forschung"[2] und in der „Systematik Bleibender Formänderungen"[3] ausgesprochen sind.

Nachdem in diesen allgemein-wissenschaftlichen Werken gewisse Fragen der Bauforschung an ihrem Platze behandelt werden, erscheint es angezeigt, hier Fachkreisen einen Hinweis auf das in grenz- und allgemein-wissenschaftlicher Hinsicht zur Verfügung stehende Material zu geben.

Insbesondere sei unter diesen Gesichtspunkten die Frage des Systems Bauwerk/Baugrund (System Körper/Umwelt), die Frage der physikalischen Boden-Konstanten und der „Losen Massen" sowie die Bedingungen der Verformung von Straßen-Körpern erörtert.

I. Das System Bauwerk/Baugrund

Eine Betrachtung von Bauwerk und Boden unter dem Gesichtspunkt eines Systems Körper/Umwelt — im Sinne der Systematik Bleibender Formänderungen — entspricht auch der Betrachtungsweise der neuzeitlichen Bodenmechanik.

Das System Bauwerk/Baugrund kann
    statisch oder
    dynamisch
beansprucht werden. Auch sind mehr oder weniger langsame Wechsel-Beanspruchungen möglich.

In allen Fällen hat man zu unterscheiden zwischen Beanspruchungen durch äußere Kräfte und Beanspruchungen durch innere Kräfte, wozu auch die Beanspruchungen durch Zustandsänderungen des Bodens selbst zu rechnen sind.

Unvorhersehbar können Störungen durch Naturgewalten oder auch durch später in der Nachbarschaft unvorsichtig ausgeführte Ingenieurbauten entstehen.

Äußere Kräfte werden wirksam als statische Beanspruchungen bei Belastungen des Bauwerks (Hoch-, Brücken- und Dammbau), als dynamische Beanspruchungen bei Verkehrserschütterungen, Explosionswirkungen und bei rasch wechselnden Belastungen durch Wind.

Innere Kräfte (z. B. „Erddruck") können verursacht werden durch die geometrische Bodengestalt und zwar einerseits durch Lücken, welche die Oberfläche des Bodens verletzen, oder durch sonstige bewußte Oberflächen-Gestaltungen (offene Kanäle usw.), anderseits durch Lücken oder Hohlräume im Bodeninneren (Tunnels, Unterstände usw.). Die Lücken im Boden üben teilweise Kerbwirkung aus. Wo Kerbe wirksam werden, können insbesondere dynamische Beanspruchungen oder auch langsame Wechsel-Beanspruchungen zu plötzlichen, schlagartigen Brüchen führen.

Bei den Zustandsänderungen der Böden müssen die ungewollten und die gewollten Veränderungen unterschieden werden.

An sich ungewollte Veränderungen der Bodenbeschaffenheit sind solche, die durch jahreszeitliche oder klimatische Einwirkungen (Regen, Frost, Trockenheit) oder langsame mineralogisch-chemische Umsetzungen bedingt sind. Dazu treten geographisch oder durch menschliche Eingriffe (Kanäle, Untergrund-Bauten usw.) hervorgerufene Senkungen des Grundwasser-Spiegels.

Bei den bewußt herbeigeführten Zustandsänderungen sind die mechanischen Boden-Verdichtungen durch Pressen, Walzen, Rütteln, Vibrieren und die chemischen und elektrochemischen Boden-Verfestigungen auseinanderzuhalten.

Die einfachsten Bedingungen für das System Bauwerk/Boden herrschen, wenn der Untergrund durchgehend festes Gestein von annähernd gleichbleibender Beschaffenheit ist, dessen geometrische Gestalt von Haus aus einfach ist oder leicht einfach gestaltet werden kann.

Das Gewicht auch der größten Bauwerke ist gering im Vergleich zu dem Eigengewicht von Gesteinskörpern, das bei Bergbauwirkungen gewisse Zonen fester Gesteine zu verformen vermag und verschwindend klein gegenüber den tektonischen Kräften, denen auch das festeste Gestein erliegt.

Bilden „Lose Massen" den Untergrund, so wird die Einschaltung eines Gründungskörpers notwendig. Der Gründungskörper wird hierbei zu einem wesentlichen (dritten) Bestandteil des zu betrachtenden Systems Körper/Umwelt.

Man unterscheidet im wesentlichen Einzelgründung,

---

[1] Der Leiter der Bauabteilung des Staatlichen Materialprüfungsamtes Berlin-Dahlem, Herr Dr.-Ing. A. Hummel und der Leiter der Fachgruppe Natursteine/Straßenbau, Herr Dr.-Ing. K. Stöcke hatten die Freundlichkeit, mich bei Abfassung dieser Abhandlung zu beraten.

[2] Leitgedanken einer neuzeitlichen Werkstoff-Forschung, Herausgegeben vom Präsidenten des Staatl. Mat.-Prüf.-Amts Berlin-Dahlem; Sonderh. 33 der Mitt. deutsch. Mat.-Püf.-Anst. Berlin: Julius Springer 1937.

[3] Seidl, E.: Bruch- und Fließ-Formen der Technischen Mechanik und ihre Anwendung auf Geologie und Bergbau. Band I: Systematik Bleibender Formänderungen; das „Formungs-Prinzip" und das „Individual-Prinzip". Berlin: VDI-Verlag 1938.

Plattengründung und Pfahlgründung. Typische und deutlich vom Bauwerk zu trennende Gründungskörper liegen aber nur bei der Plattengründung und der Pfahlgründung vor.

Pfahlgründungen sind verschieden zu werten, je nachdem sie bis zum festen Untergrund fortgeführt, oder nur als „schwimmende" Pfahlgründungen ausgeführt werden, bei denen die von der Umfangsreibung übernommenen Widerstände als das tragende Element anzunehmen sind. In beiden Fällen treten Wechselwirkungen zwischen Pfahl und Boden auf, die aber verschiedenen Charakters sind.

Bei einem aus verschiedenen Böden bestehenden geschichteten Untergrund teilt die S c h i c h t u n g einzelne für die Beurteilung mehr oder minder bedeutungsvolle Gruppen plattenförmiger Körper ab. Bei der Plattengründung liegen ähnliche Verhältnisse vor mit dem Unterschied, daß zwischen Bauwerk und Boden eine relativ starre Schicht, eben die Gründungsplatte, liegt.

Eine G r u p p e g e t r e n n t e r B a u w e r k e, die inmitten eines im übrigen freien Geländes durch ihre z. B. industriell bedingte benachbarte Lage zu einem S y s t e m vereinigt sind, verlangt, wie der Versuch Bild 1 zeigt, folgende Beurteilung. Jedes einzelne Bauwerk übt seine Beanspruchung — als ein „Individuum" — auf einen bestimmten Bereich des Untergrundes aus, der damit zu s e i n e m „Individual-Bereich" wird. Außerdem aber übt auch das System von Bauwerken in seiner Gesamtheit eine geschlossene Gesamtwirkung auf den Untergrund aus. Diese Gruppe von Bauwerken muß also hinsichtlich der von ihr bewirkten Formänderungen als ein System, d. h. als eine G a n z h e i t angesehen werden, der sich jedes einzelne Bauwerk als „Unter-Individuum" ein- und unterordnet.

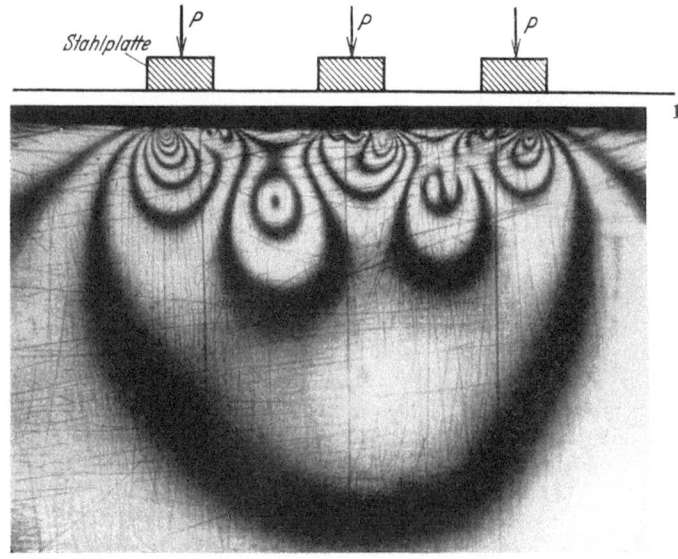

W. Loos; siehe auch: Proc. Am. Soc. Civ. Eng., Comm. Earths a. Found. (24) S. 815—818.

Modell-Versuch zur Erläuterung des Systems Bauwerk/Boden (Körper/Umwelt)

Ermittlung der Bereiche der elastischen Formänderungen bei Druck-Beanspruchung durch photoelastische Untersuchungsmethode

Außer kleineren Einflußzonen jeder der drei Einzelplatten sieht man darunter den großen Verformungsbereich der Gesamtbelastung.

II. Zur Frage der physikalischen Boden-Konstanten und zur Frage der „Losen Massen"

„Lose Massen" = Körner-Haufwerke bis Konglomerate verschiedener Bindung und „Quasi-Festkörper"

In Fortentwicklung der „klassischen Erdbaumechanik" geht man neuerdings bei der Beurteilung von Beanspruchungen, Formänderungen und Festigkeitsfragen, die Boden und Bauwerk betreffen, von den t a t s ä c h l i c h e n K o n s t a n t e n aus, wie das für den Bereich der Technischen Mechanik und der Bergbauwirkungen seit langem Brauch ist.

In b o d e n - p h y s i k a l i s c h e r Hinsicht sind bekanntlich zahlreiche Umstände von Bedeutung, so insbesondere:

spezifisches Gewicht   Poren-Volumen
Raum- (Liter-) Gewicht   ,,   -Charakter
Korn-Zusammensetzung   ,,   -Verteilung
  ,,   -Gestalt   Durchlässigkeit
  ,,   -Größe   Flüssigkeitsgehalt
  ,,   -Oberfläche   Zusammendrückbarkeit

In Sonderheit verlangen feinporige Massen eine Behandlung im Zusammenhang mit den Oberflächen- und Kapillar-Erscheinungen und den Teil-Verfestigungen durch Oberflächen-Zwänge und elektrochemische Einwirkungen, schließlich auch in Verbindung mit dem angrenzenden Problem der teilweise verkitteten Haufwerke und der ganz verkitteten Haufwerke („Quasi-Festkörper", Konglomerate).

Im trockenen und feuchten Zustand, bei hohem oder geringem Flüssigkeitsgehalt hat eine und dieselbe Bodenart ganz verschiedene Eigenschaften. Dabei ist die Wirkung eines bestimmten Feuchtigkeitsgehalts oder des Fehlens der Feuchtigkeit bei verschiedenen Stoffen ganz verschieden, sodaß ein Schluß von einer Stoffart auf die andere verfehlt wäre.

Sand, t o n i g, t r o c k e n, kann als lose und auch als mehr oder weniger feste Masse auftreten;
  ,,   r e i n, t r o c k e n, zerfällt;
  ,,   r e i n, f e u c h t, kann sich wie ein Fester Körper verhalten, während bei stärkerer Zuführung von Wasser „Schwimmsand" entsteht.

Ton, l u f t f e u c h t, i s t p l a s t i s c h, einzelne Stücke kleben aneinander, die Poren sind durchweg mit Wasser gefüllt;
  ,,   lufttrocken; ist fest; einzelne Stücke kleben nicht aneinander; die großen Poren sind mit Luft, die feinen mit Wasser gefüllt; bei weiterem Trocknen findet kein Schwinden mehr statt;
  ,,   d ü n n f l ü s s i g entsteht bei Vermehrung des Wassergehalts.

A u s t r o c k n e n mancher Bodenarten (z. B. feuchter Sand- und Tonlager) bedeutet ein S c h r u m p f e n, während Anfeuchtung vielfach ein Q u e l l e n verursacht. Anderseits können die Oberflächen-Spannungen bei schwachen Benetzungen von Feinstkörner-Haufwerken anfangs ein Schrumpfen zur Folge haben.

Gefrieren führt zur Aufspeicherung hoher Spannungen oder bei „Ausweich-Möglichkeit" zu Aufbeulungen.

Die Verformungs- und Festigkeits-Bedingungen der unter der Bezeichnung „Lose Massen" zusammengefaßten Körper-Arten an sich und als Boden (Baugrund) sind noch nicht völlig erfaßt. Eine Lösung des Problems der „Losen Massen" erscheint erst auf sehr breiter, allgemeinwissenschaftlicher Grundlage möglich und aussichtsreich.

Selbst eine Begriffsbestimmung dieser Körper unter Abgrenzung gegen verwandte Körper-Arten ist bisher noch nicht erfolgt; damit entfällt eine wesentliche Voraussetzung einer systematischen Behandlung von Verformungsfragen.

In dieser Hinsicht können folgende Überlegungen zur Klärung beitragen. Mit der in der Praxis z. B. noch üblichen Unterscheidung „bindige Böden", „nicht bindige Böden", „Löß" usw. darf es sein Bewenden nicht haben. Auch treffen die auf Grund geologischer Bedingungen in der Baustoffkunde üblichen Bezeichnungen nach den festen Grundbestandteilen (Quarz, Glimmerblättchen, Kalkkörnchen usw.) nicht den Kern der Sache, da das boden-physikalische Verhalten sich mehr nach dem Bindemittel richtet, das in der Bezeichnung der Bodenart nicht zum Ausdruck kommt.

Unter dem Gesichtspunkt der Zustands-Formen (Kohäsions-Verhältnisse) betrachtet, stehen die „Losen Massen" zwischen den Festen Körpern und den Zähflüssigen Körpern, denen gegenüber es eine Grenze überhaupt nicht gibt; die Begriffe sind bei gewissen Stoffarten (feuchter Ton) identisch.

Nach A. Hummel könnten „Lose Massen" oder „Haufwerke" ganz allgemein eingeteilt werden in:

𝔄. Lose Grobkörner-Haufwerke ohne verkittendes Bindemittel,

𝔅. Lose Feinstkörner-Haufwerke (im Bereich molekularer und kapillarer, auch elektrochemischer Wirksamkeit) ohne verkittendes Bindemittel,

ℭ. Teilweise verkittete Haufwerke grober oder feiner Körner (als Übergang zu den fest verkitteten Konglomeraten und den „Quasi-Festkörpern").

Mit dieser Betrachtungsweise werden Körper-Arten unterschiedlicher Grundstoffe zusammengefaßt und Körper-Arten derselben Grundstoffe getrennt.

Gruppen 𝔄 und 𝔅

Haufwerke der verschiedensten Korngrößen ohne verkittendes Bindemittel haben, zwanglos geschüttet, eine eigene Gestalt. Diese ist bedingt einesteils durch die Umrißform und Oberflächen-Gestaltung des Untergrundes (eben-uneben; horizontalgeneigt) andernteils durch den Böschungswinkel. Die Größe des Böschungswinkels ist grundsätzlich abhängig von der Stoffart, Korn-Form, Korn-Zusammensetzung und von dem Reibungs-Widerstand, den das einzelne Korn, in dem Bestreben, seinen Schwerpunkt tiefer zu legen, findet.

Bei losem, unverkittetem Haufwerk dieser Art vermögen in den Oberflächen-Zonen die Eigengewichts-Kräfte das Abrieseln zu bewirken, das rollend, also mit geringerer Reibung als bei Gleit-Vorgängen erfolgen kann. Im Innern des Körpers werden die Teilchen nicht nur durch Kohäsion — unter Allseitigem Druck —, sondern auch durch Adhäsion zusammengehalten, die übrigens zufolge der mit abnehmender Korngröße wachsenden Oberfläche um so bedeutender wird, je feinkörniger das Haufwerk ist. Sind wasserbenetzte Kapillar-Poren vorhanden, dann wird der Zusammenhalt unter Umständen teilweise auch durch Kapillar-Kräfte gefördert.

Die Zwischenräume, die auch bei dichtester Lagerung erheblich sind, bilden manchmal ein zusammenhängendes „Hohlraum-Skelett".

An „Kugelpackungen" kann man sich klarmachen, daß es auch bei gleicher Art der Teilchen und damit der Gestalt der Gesamtkörper verschiedene Möglichkeiten der Anordnung derselben gibt, wobei die Flankenwinkel den Böschungswinkeln entsprechen.

Bei Ausfüllung der Hohlräume mit feineren Körnchen oder Staub, auch durch Einsturz von Brücken, Zusammendrückung oder Erschütterung (Rütteln) können solche „Losen Massen" durch Erreichung stabiler Korn-Lagerungen mehr und mehr die Eigenschaften (hauptsächlich druckfester) Fester Körper annehmen.

Feinkörniges Haufwerk dieser Art in einem Behälter kann sich ähnlich Dünnflüssigen Körpern verhalten, indem bei länger andauernder Erschütterung die Oberfläche sich horizontal einstellt und das Ausrieseln aus einer Öffnung unter den Bedingungen der „Strömungs-Form" stattfindet.

Grenzfälle der Gruppen 𝔅 und ℭ

Sind bei trockenem Körner-Haufwerk die Zwischenräume vorherrschend mit Luft gefüllt, so können folgende unterschiedlichen Bedingungen gegeben sein:

Wenn die zwischen den Körnern befindliche Luftschicht dicker ist als die doppelte Dicke der durch Grenzflächen-Kräfte gebundenen (absorbierten) Lufthülle, so hängt die Beweglichkeit der Körnchen gegeneinander von der Zähigkeit der Luft ab. Ist die Luftschicht dünner als dieses Maß, so liegen beide Lufthüllen teilweise oder ganz im Bereich der Grenzflächen-Kräfte beider Körner; die „Wirkungssphären" schneiden sich, die Körner haften fester aneinander. Bei Absaugung der Luft aus den Hohlräumen wird die Reibung so groß, daß das Haufwerk Eigenschaften eines Festen Körpers annehmen kann.

Treten an Stelle der Luft in den Hohlräumen zum Teil oder durchweg Wasser, Bitumen oder andere Flüssigkeiten, so hat diese Füllmasse zähflüssige Eigenschaften; bei geringer Korngröße der Festkörperchen wird die gesamte Masse zu einem Zähflüssigen Körper.

Wird jedoch der Abstand der festen Bestandteile voneinander größer als der Adhäsions-Bereich eines festen Bestandteils, dann ist der dünnflüssige Zustand gegeben.

Da „Lose Massen" durch Zerkleinerung von Festen Körpern entstanden sind und Zugkräften gegenüber keinen nennenswerten Widerstand bieten, so entfällt bei ihrer Verformung der Anteil an Arbeit, der bei Festen Körpern durch Zugkräfte zu leisten ist.

III. Bedingungen der Verformung von Straßen-Körpern

1. Erfahrungen und theoretische Überlegungen

Eine junge Technik pflegt zunächst ihre eigenen Wege zu gehen; in dieser Weise hat die Straßenbau-Technik auf wissenschaftlicher Grundlage zunächst namhafte Erfolge erzielt. Nach einiger Zeit fallen dann wohl gewisse Übereinstimmungen der Erfahrungen mit denen verwandter technischer und wissenschaftlicher Zweige auf; und bei bewußter grenz-wissenschaftlicher Blickrichtung zeigen sich dann manchmal Möglichkeiten, Erkenntnisse älterer, weiter fortgeschrittener Wissensbereiche auf das noch in jüngerer Entwicklung befindliche Gebiet anzuwenden. So fiel in letzter Zeit, auch bei der letzten Straßenbau-Tagung, u. a. die Fruchtbarkeit einer Anwendung seismischer Methoden auf die Prüfung von Straßendecken auf[4]. Besonders günstig ist es für das noch zu entwickelnde Gebiet, wenn gewissen Fragestellungen und Lösungen eine allgemein-wissenschaftliche Fassung gegeben werden kann.

So soll hier versucht werden, Fragen der Straßenbau-Technik und -Wissenschaft einesteils als Grenzgebiets-Fragen verwandter Wissenszweige zu behandeln; anderenteils sollen allgemein-wissenschaftliche Erkenntnisse, vornehmlich diejenigen, welche unlängst in den „Leitgedanken einer neuzeitlichen Werkstoff-Forschung"[5] zusammengefaßt wurden, zur Grundlage der Beurteilung straßenbau-wissenschaftlicher Fragen dienen.

Insbesondere handelt es sich um folgende Anwendungen:

α) Die neue Erkenntnis, daß es möglich ist, von „Typen-Formen" Bleibender Formänderungen („Formungs-Prinzip")[6] auf die noch im elastischen Bereich liegenden Verformungen — die man ja nicht ohne weiteres zu sehen vermag — zu schließen, läßt sich auch der Straßenbau-Forschung nutzbar machen.

β) Nachdem ferner praktische Erfahrungen des Straßenbaues dazu geführt haben, bei der Beurteilung der zunächst elastischen und dann Bleibenden Formänderungen, die durch die Belastung eines stehenden oder in Bewegung befindlichen Fahrzeuges („Verkehrs-Last") entstehen, den Straßenkörper als Ganzes zu berücksichtigen und weder die Decke (Fahrbahn), noch die meist darunter angeordneten Tragschichten („Unterbau"), noch den „Untergrund" für sich allein zu betrachten, erscheint es nun gegeben, zur wissenschaftlichen Begründung dieser Erfahrungen und ihrer weiteren Auswertung das „Individual-Prinzip"[7] heranzuziehen. Hiernach ist ein Körper, der Verformungen erfährt und dessen Festigkeits-Eigenschaften erprobt werden, auffaßbar als ein Individuum (Ganzheit), dessen einzelne wesentlichen Teile („Unter-Individuen") nur in Beziehung zueinander und zu der sie umfassenden Ganzheit betrachtet werden dürfen.

Bezüglich des Aufbaues eines Straßenkörpers im Querschnitt und der stofflichen Eigenschaften der einzelnen Schichten diene folgende von Herrn Dr.-Ing. Stöcke freundlichst ausgearbeitete Gegenüberstellung der gebräuchlichsten praktischen Ausführungen von Decke, Unterbau und Untergrund, zur Veranschaulichung der hier

Typen-Fälle von Straßen-Körpern

Stoffart u. Art d. Verformungs-Verbandes	Verformungs-Eigenschaften	Dicke d. Schichten (elastisch / locker / plastisch / locker nachher elastisch)
Fall I Decke: Beton Unterbau: — Untergrund: Damm aus Sandschüttung	elastisch — locker	0,20 / 3,00 m
Fall II Decke: schwarze Decke Unterbau: Beton Untergrund: anstehend tonigmergelige Erdschichten	plastisch elastisch plastisch	0,08 / 0,20 / 3,00 m
Fall III Decke: Groß-Pflaster mit bituminösem Fugen-Verguß Sand-Ausgleich Unterbau: Beton Untergrund: anstehend mergelige und feste Kalksteinschichten wechsellagernd	plastisch locker elastisch plastisch und elastisch wechselnd	0,16 / 0,03 / 0,15 / 3,00 je 0,50 m
Fall IV Decke: Klein-Pflaster mit Zement-Fugenverguß Sand-Ausgleich Unterbau: Packlage Untergrund: anstehender Fels	elastisch locker verformbar in geringem Maß locker verformbar elastisch	0,10 / 0,02 / 0,25 / 3,00 m

empfohlenen grenz-wissenschaftlichen und allgemein-wissenschaftlichen Betrachtung.

Welchen Aufbau ein Straßen-Körper auch haben mag, zunächst ist hervorzuheben, daß jede (Verkehrs-)Last, die auf die Decke einwirkt, die belastete Stelle aus der Ruhelage bringt. Nach der Entlastung kehrt eine elastische Decke in die alte Lage zurück, eine plastische nicht. In der Praxis ist ein mittleres Verhalten die Regel.

Von einer Decke pflanzen sich die Bewegungen auf Unterbau und Untergrund fort, um dort ebenfalls elastische oder auch Bleibende Formänderungen hervorzurufen.

---
[4] Huber O.: Stand der Straßenbautechnik. Vortrag gehalten auf der Tagung der Forschungsgesellschaft für das Straßenwesen. Steinindustrie u. Straßenbau 32 (1937) H. 24, S. 496. Berlin: Union-Verlag. [5] Siehe Anm. 2. [6] Siehe Anm. 3.
[7] Siehe Anm. 3.

Beurteilung von Rißzonen in dünnen Platten

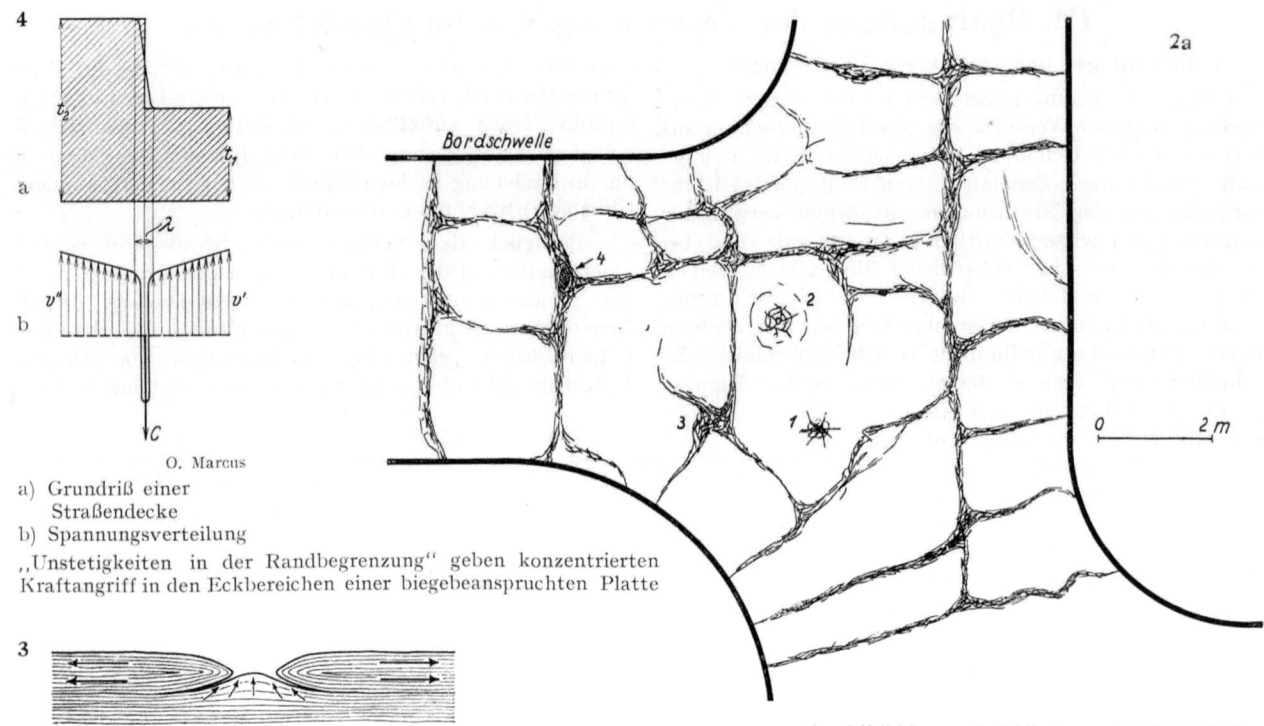

O. Marcus
a) Grundriß einer Straßendecke
b) Spannungsverteilung

„Unstetigkeiten in der Randbegrenzung" geben konzentrierten Kraftangriff in den Eckbereichen einer biegebeanspruchten Platte

E. Seidl
Querschnitt-Schema des Zerreißvorganges einer Oberflächenschicht

Grundriß-Zeichnung: E. Seidl, Anm. 3, Bd. III, Bild XV., 1

**Rißbildungen in einer Asphalt-Decke;
abhängig von den geometrischen Begrenzungen der Straße**

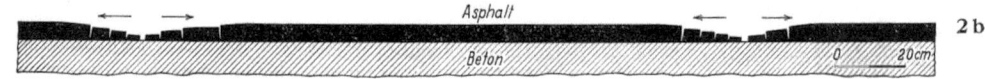

Querschnitt-Schema zum Grundriß Bild 2a

Zeichnung: E. Seidl, Anm. 3, Bd. III, Bild XV, 3.

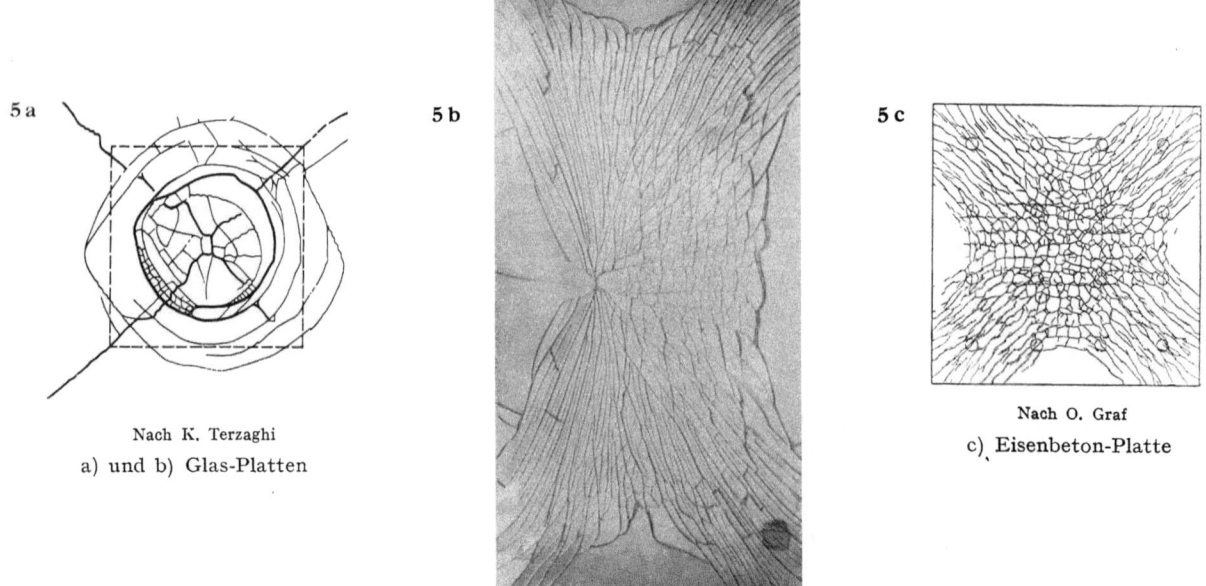

Nach K. Terzaghi
a) und b) Glas-Platten

Nach O. Graf
c) Eisenbeton-Platte

Versuch: E. Albrecht, MPA. Berlin-Dahlem

**Rißnetze in biegebeanspruchten Glas- und Eisenbeton-Platten;
abhängig von den geometrischen Begrenzungen der Platten**

— 15 —

γ) Mit Einführung des „Individual-Prinzips" als Grundlage für die Behandlung straßenbau-technischer und -wissenschaftlicher Fragen wäre bei der Erörterung der Verformung und Festigkeit von Körpern auszugehen:

von dem S t o f f (im technischen Sinne) also der Zusammensetzung von Decke, Unterbau und Untergrund aus natürlichen und künstlichen Gesteinen und deren Bindemitteln rücksichtlich der Elastizität und Plastizität jeder einzelnen Schicht gegenüber den Durchschnitts-Beanspruchungen und Höchst-Beanspruchungen durch sich bewegende Fahrzeuge sowie des Verhältnisses der Elastizität und Plastizität der einzelnen Teile des Straßenkörpers.

vom g e o m e t r i s c h e n A u f b a u , in Sonderheit von der Begrenzung und den Dimensionen des ganzen Straßen-Körpers und seiner einzelnen Teile und den Besonderheiten der Schichtung.

2. Nutzanwendungen

Hier seien zunächst nur die Möglichkeiten verhältnismäßig einfacher Analogieschlüsse an Hand bezeichnender Abbildungen und einschlägiger Versuche aufgezeigt.

a) Die Abhängigkeit der Spannungsverhältnisse von den D i m e n s i o n e n einer Straßendecke und ihrer Unterteilung in einzelne durch Fugenzonen voneinander getrennte Plattenteile läßt sich ohne weiteres aus den Bildern 2a und 2b entnehmen. In dem Grundriß Bild 2a sieht man, daß in dem Längsteil der Straße die in der Asphaltdecke entstandenen Risse parallel und quer zu den parallelen Bordschwellen verlaufen, während an der Abzweigstelle der Straßen ein zu der Krümmung der Bordschwelle in Beziehung stehendes Rißnetz entstand mit kreisförmigen Löchern, die sich durch ringsum radial wirkende Zugkräfte ergeben haben müssen[8].

Die Wirkung des Zerreißens einer Schicht auf dem plastischen Untergrund zeigt Bild 3. Die plastischen Massen dringen in die Lücke ein.

Die Spannungsspitzen in Eckbereichen treten besonders deutlich in Bild 4 hervor[9].

Die Bilder. 5a, b, c lassen erkennen, daß eine elastische Platte bei mittiger Belastung und allseitiger Auflagerung von Rißscharen durchsetzt ist, die von den Eckbereichen ausgehen.

Aus diesem in der Natur und bei Versuchen beobachteten Verhalten geht augenscheinlich hervor, daß entscheidend für die Bruchform die g e o m e t r i s c h e n B e dingungen des beanspruchten Körpers sind und nicht dessen Stoff (im technischen Sinne) — Asphalt oder Glas oder Beton usw.

Wenn auch der Hinweis auf diese Beobachtung heute manchem vielleicht keine unmittelbare praktische Bedeutung mehr zu haben scheint, indem ja auf Grund derartiger Erfahrungen jetzt entsprechende Unterteilungen solcher Straßendecken in Teilplatten unter ausreichender Bemessung der Fugen vorgenommen werden, so veranschaulichen diese Abbildungen doch, wie leicht es ist, an Hand von bleibenden Formänderungen, die unter bestimmten Bedingungen der Dimensionen einer Straßendecke entstanden, sich ein Bild von den Spannungsverhältnissen, d. h. von den Anstrengungen der Decke im elastischen Bereich der Formänderung zu machen. So ergibt sich dann hieraus vielleicht die Anregung, einmal nachzuprüfen, ob auch unter diesem theoretischen Gesichtspunkt die jetzt für Straßen-Krümmungen vorgesehene geometrische Gestaltung der Einzelplatten, die Abmessungen der Platten in den Krümmungs- und in Längsteilen einer Straße und die Breite der Fugen richtig bemessen erscheinen.

b) Bevor die Einwirkungen der sich verformenden Decke auf ihren Unterbau und Untergrund erörtert werden, sei zunächst eine verhältnismäßig leicht beurteilbare e l a s t i s c h e Formänderung der durch eine Verkehrs-Last beanspruchten Decke, nämlich ihre Durchbiegung nach unten, Bild 10, und deren Folgen an Hand eines bereits allgemein-wissenschaftlich ausgewerteten Anschauungsmaterials, Bilder 6—11, betrachtet. Dabei wird Bezug genommen auf die S y s t e m a t i k d e r K r ü m m u n g s - F o r m e n, die unlängst nach dem gesamten aus Technik, Bergbau und tektonischer Geologie uns bekannt gewordenen Material aufgestellt werden konnte[10].

Eine Belastung an einer Stelle ruft die Durchbiegung der Platte in einer Richtung und dementsprechend die Aufkippung der Nachbarteile in der entgegengesetzten Richtung hervor (Versuche: Bilder 6a u. 6b). Doch würde es auch bei sehr geringer Breite einer Straßendecke zu diesen Aufkippungen nicht kommen, da, unterstützt durch ihr Eigengewicht, die Schenkel der Decke an ihrem Unterbau oder Untergrund durch Reibung und Haftung festgehalten werden.

Bei der üblichen größeren Ausdehnung der Decke seitlich und in der Länge bilden die Kippungen der Schenkel nur die Überleitung zu Krümmungen, die in entgegengesetzter Richtung der durch die Belastung hervorgerufenen Krümmung stehen (Versuche: Bilder 8a u. 8b). Somit treten zu der „Urkrümmung" der Belastungsstelle die „Gegenwirkungs-Krümmungen", die vielleicht noch weitere Ausgleichs-Krümmungen, Bild 7, hervorrufen.

Außer der Krümmung selbst müssen die Verformungen in den Scheitelzonen beachtet werden (Bilder 9 u. 11).

An der k o n k a v e n Seite der Krümmung, also bei der Urkrümmung oben, bei den Gegenwirkungs-Krümmungen unten, entstehen zufolge Druck-Spannungen Zusammendrückungen und Zusammenschiebungen des Materials, die umso stärker, also schädlicher sind, je dicker die Platte ist.

An der k o n v e x e n Seite, also bei den Urkrümmungen unten, bei denen Gegenwirkungs-Krümmungen oben, entstehen durch Zugspannungen Dehnungen und Zerreißungen, für die entsprechendes gilt.

Diese gefährlichen Zerrungen und Zerreißungen, lassen sich aus den kürzlich von Herrn Dr. A. Ramspeck[11] veröffentlichten Erschütterungs-Messungen ebenfalls erkennen.

Was den Abstand der Gegenwirkungs-Krümmungen (Scheitelzone) von den Urkrümmungen (Scheitelzone) anlangt, so hängt dieser ab einesteils von der Dicke und dem Elastizitätsgrad, andernteils von dem Plastizitätsgrad der Platte. Je dicker eine elastische Platte ist, desto größer ist der Abstand zwischen den beiden Scheitelzonen (Bilder 8a u. 8b). Ist die Platte plastisch (bituminöse Decke), so bildet sich die Gegenwirkungs-Krümmung sehr nahe am Scheitel der Urkrümmung, je spröder der Stoff ist, desto steifer sind die aufkippenden Schenkel und desto weiter verlegt sich die Scheitelzone der Gegenwirkungs-Krümmung. Schwarze Decken (und Decken aus Steinpflaster mit bituminösem Fugen-Verguß) verhalten sich also ganz anders als Betondecken (und Decken aus Steinpflaster mit Zement-Fugen-Verguß).

Geht man mithin von der Dicke und dem Elastizitätsgrad einer Decke aus, so müßte sich für bestimmte durch

---

[8] S e i d l , E.: Siehe Anm. 3, Bd. III, Zerreiß-Förm. VDI.-Verlag 1933.
[9] K. S t ö c k e, H. H e r r m a n n, H. Udluft: Gebirgsdruck und Plattenstatik. Z. Berg-, Hütt.- u. Sal.-Wes. 82 (1934) S. 309. Berlin: Ernst & Sohn.
[10] S e i d l , E.: Siehe Anm. 3, Bd. V, Krümmungs-Formen, VDI.-Verlag 1934.
[11] R a m s p e k, A.: Dynamische Untersuchungen auf Beton-Fahrbahndecken. Forschungsgesellschaft f. d. Straßenwesen, 1937. Berlin: Volk und Reich.

Beurteilung der Wirkung von Krümmungen

Bilder 6, 7, 8, 9, 11, 12 siehe Anm. 3, Band V, Bild 10 siehe Anm. 3, Band I

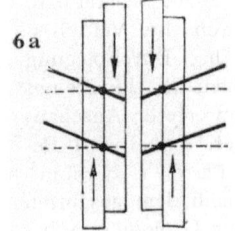 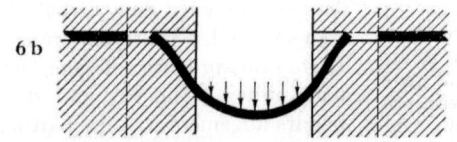 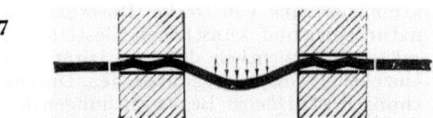

Kippung
a) Einfache Kippung von Nägeln zufolge Scher-Bewegung des beanspruchten Holzrahmens
b) Kippung der Schenkel eines gebogenen Stücks Bolzen

Biegung (Urkrümmung) mit mehreren Gegenwirkungs-Krümmungen
eines Bolzens bei unvollkommener Einspannung der Enden

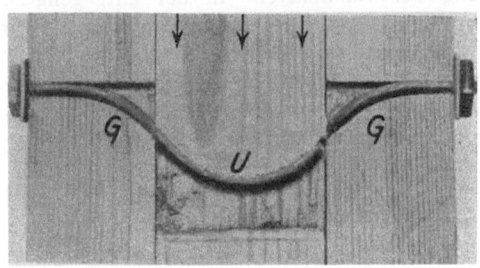 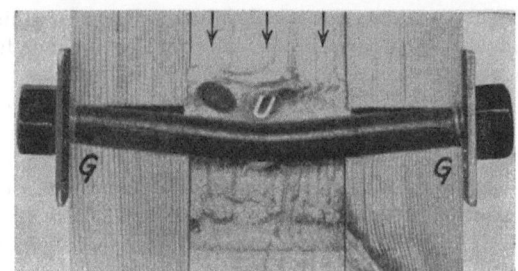

Biegung (Urkrümmung) und Gegenwirkungs-Krümmungen
eiserner Bolzen bei vollkommener Einspannung der Enden

a) Mittelstarker Bolzen; starke Urkrümmung, Gegenwirkungs-Krümmungen unmittelbar hinter den Auflagern

b) Sehr starker Bolzen; flache Urkrümmung; weit ausgreifende Gegenwirkungs-Krümmungen

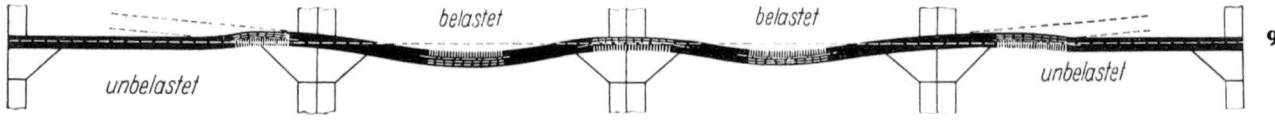

Diagonalschnitt-Schema durch die Säulen einer Pilzdecke
Es zeigt einerseits die Erhebung im unbelasteten Teil als Folge der Durchbiegung des belasteten Teils nach unten, anderseits die sanfte Krümmung in den Feldern (mit sichtbaren Bruchzonen) gegenüber der viel schärferen Krümmung über den (schmalen) Auflagern (mit verborgen bleibenden Bruchzonen).

10 Schema der elastischen Krümmung einer Straßen-Decke über plastischen Massen oder „Losen Massen"
hervorgerufen durch die Last ↓ etwa eines fahrenden Wagens

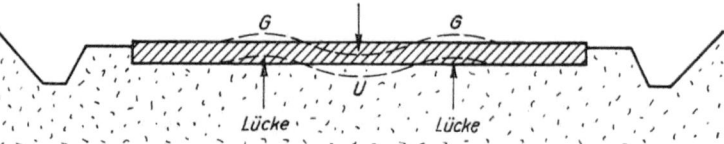

U = Urkrümmung, G = Gegenwirkungs-Krümmungen

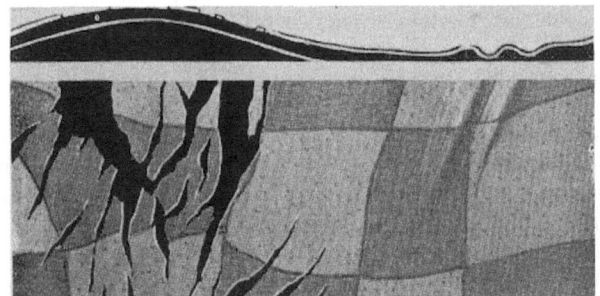

Zerrung und Zerreißung einer gekrümmten Schicht auf der konvexen Seite, Stauchung auf der konkaven Seite

12 System von Blattparallelfalten der Rundbogen-Form
Eine Biege-Beanspruchung (Last: Stahl-Stab) verursachte in dem Hohlraum die Urkrümmung und über jedem Auflager eine Gegenwirkungs-Krümmung.

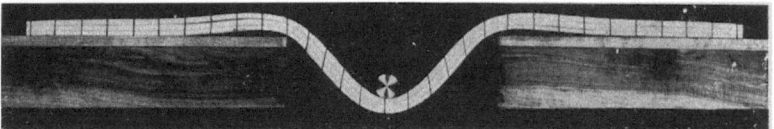

die Verkehrslast bewirkte Beanspruchungen die **Größe der Teilstücke** einer Decke und die **Weite der Fugen** planmäßig so bestimmen lassen, daß die gefährlichen Zerrungs-Zonen mit der Fuge zusammenfallen.

Aus den Überlegungen folgt weiter, daß ein **Verdübeln** der Einzelplatten nicht starr erfolgen darf, sondern daß hierfür möglichst elastische Stoffe gewählt werden müssen.

c) Hinsichtlich der Übertragung der Formänderungen, die die Decke durch die Verkehrslast in Form von Urkrümmungen und Gegenwirkungs-Krümmungen erfährt, auf den Unterbau und vielleicht auch noch auf den Untergrund und der Rückwirkungen, die das Verhalten dieser Schichten dann wiederum auf die Decke hat, erscheinen an Hand der Typen-Fälle I—IV von Straßen-Körpern, folgende Überlegungen angebracht. Sie haben sich seit langem schon für die Beurteilung von **Bergbauwirkungen** bewährt, die durch Verformung geologischer Schichtenverbände entstehen [12].

Allgemein ist zunächst von entscheidender Bedeutung, welche Beschaffenheit die unmittelbar unter der Decke folgende Schicht hat, in Sonderheit wie dick, starr-elastisch und plastisch-verformbar sie ist; sodann kommt es auf die Beschaffenheit der etwa nächstfolgenden und der dann folgenden Schichten an.

α) Im Oberteil eines Straßenkörpers sei die unter der Decke folgende Schicht sehr dünn und sehr plastisch und die daraufffolgende Schicht stärker und annähernd so elastisch wie die Decke, die dann folgende Schicht des Unterbaues wiederum dick und spröde. Dann würden die dünnen plastischen Schichten die Rolle schmierender Zwischenlagen übernehmen, die eine Bewegbarkeit der dickeren elastischen Schichten gegeneinander ermöglichen. Es würden dann die Urkrümmung und die Gegenwirkungs-Krümmungen der Decke Parallel-Krümmungen der übrigen dicken elastischen Schichten zur Folge haben wie im Fall der „Blattparallel-Faltung", Bild 12.

β) Folgt unter einer Platte — Decke oder Schicht des Unterbaues — eine stärkere plastische Lage, so wird die plastische Masse von der Urkrümmung weggedrückt und in die Gegenwirkungs-Krümmung hineingedrückt, so daß ein fester Anschluß bleibt. In den Typen-Fällen I und II liegt dieser feste Anschluß zwischen verformbarem Untergrund und elastischer Decke oder elastischem Unterbau; im Typen-Fall IV erfolgt der Ausgleich und Anschluß zwischen Unterbau und Decke, während er im Typen-Fall III erst in der Schichtengruppe der wechsellagernden Schichten des Untergrundes stattfinden würde.

γ) Folgt unter der Decke, — vielleicht abgeteilt durch eine dünne plastische Zwischenschicht — eine elastische Schicht die sich an den Krümmungen nicht beteiligt, weil sie zu starr oder zu dick ist, so hebt sich die Scheitelzone der nach oben gerichteten Krümmung der Decke, also der Gegenwirkungs-Krümmung, ab und es entsteht eine gefährliche Lücke, Bild 10, während seitens der Scheitelzone der nach unten gerichteten Krümmung der Decke, also der Urkrümmung und der die Gegenwirkungs-Krümmung begleitenden Ausgleichs-Krümmungen, ein starker Druck auf die Unterlage ausgeübt wird.

Hiernach also verdient eine dicke Einschicht-Betondecke, unter der stärkere nachgiebige Lagen, sei es aus plastischen Massen, sei es aus „Losen Massen", folgen, den Vorzug vor anders zusammengesetzten Decken.

Die hier behandelten Fragen sind nur ein kleiner Ausschnitt aus dem großen in Fachkreisen erörterten Fragenbereich; sie wurden angeschnitten nur um dazu anzuregen, sich grundsätzlich auch auf dem Gebiet des Straßenbaues einer grenz- und allgemeinwissenschaftlichen Betrachtungsweise zu bedienen.

---

[12] Seidl, E.: Bergbauwirkungen im Nebengestein; beurteilt auf Grund einer neuen Systematik Bleibender Formänderungen. Sonderdruck 17/37 des Hauses der Technik, „Technische Mitteilungen", Essen, Heft 11, vom 1. Juni 1937.

DIE BLASENBILDUNG IN ASPHALTBELÄGEN
Von E. Kindscher und H. Wicht

Soweit die Verwendung des Gußasphalts für den neuzeitlichen Straßenbau zurückreicht, so alt scheinen auch die Klagen über das Auftreten der Blasenbildung in derartigen Bodenbelägen zu sein. Schon von 1872 an — also zu einer Zeit, in der Gußasphalt fast nur als Gehsteig-Belag benutzt wurde — finden sich Hinweise im Schrifttum, daß zur Verhütung der Blasenbildung Trockenheit der Unterlage Voraussetzung sei; beim Aufbringen der heißen Asphaltmasse z. B. auf frischen Beton verwandele sich die in letzterem noch vorhandene Feuchtigkeit in Wasserdampf, der in der Asphaltdecke Aufblähungen bewirke. Auch wird betont, daß die Gußasphalt aufbringenden Arbeiter die heiße Masse mit dem Holzspachtel nicht nur nach der Breite vertreiben, sondern auch durch kräftigen lotrechten Druck blasenfrei verdichten sollen, und daß unter der Asphaltmasse festsitzende Lufttaschen durch Bearbeitung des noch heißen Gußasphalt-Belages mit der Handwalze zu beseitigen seien.

Hatte man also zunächst nur die Feuchtigkeit im Unterbeton und daneben auch Luft, die beim Verlegen zwischen Beton und Asphaltbelag verblieben war, für die Blasenbildung verantwortlich gemacht, so tauchte später die Vermutung auf, daß auch „Asphaltdämpfe" — also wohl Zersetzungsprodukte des Bitumens —, die bei der Bereitung der Gußasphaltmasse entstanden und im erstarrenden Belag eingeschlossen wurden, als Ursache der Aufbeulungen in Betracht kommen könnten. Im allgemeinen scheint man aber dem Auftreten dieser Erscheinung nicht allzugroße Bedeutung beigemessen zu haben, denn noch 1923 findet sich im Schrifttum die Äußerung, daß die Blasenbildung sehr selten und schon aus diesem Grunde ungefährlich sei.

Wenige Jahre später ergibt sich aber schon ein ganz anderes Bild, denn es wird geklagt, daß die Blasenbildung nicht nur ein unschönes Aussehen des Straßenbelages ergibt, sondern auch verkehrsstörend wirkt. Kleinere derartige Erhebungen ließen sich mit der Kleinpflasterramme niedertreiben, bei größeren gelänge dies schon nicht mehr, und wenn die Blasen in einem Belage zu zahlreich auftreten, so bliebe nur ein Umlegen des Gußasphaltes. Interessant ist, daß 1928 noch geäußert werden konnte, daß die Blasenbildung wohl nur bei Belägen von Fußsteigen, nicht aber bei Fahrbahnbelägen beobachtet worden sei. Demnach müssen sich die Verhältnisse in den letzten 10 Jahren ganz wesentlich geändert haben, denn heute gehört das Auftreten dieser lästigen Erscheinung auch bei Fahrbahnbelägen vielerorts leider nicht mehr zu den Seltenheiten. Dies veranlaßte eine größere Zahl von Straßenbauern den Ursachen der Blasenbildung nachzuspüren. Die Ergebnisse ihrer Beobachtungen und Versuche finden sich nun aber im Schrifttum des In- und Auslandes verstreut vor und dies veranlaßte die Forschungsgesellschaft für das Straßenwesen zu einer Beauftragung der Verfasser vorliegenden Aufsatzes mit der Sammlung und Auswertung aller dieser Veröffentlichungen [1]. Das Ergebnis dieses Studiums des einschlägigen Schrifttums wird im folgenden kurz zusammenfassend wiedergegeben.

1. Äußere Beschaffenheit der Blasen: Unter „Blasen" oder „Beulen" werden im Innern hohle Auftreibungen in Asphaltbelägen verstanden, die meist

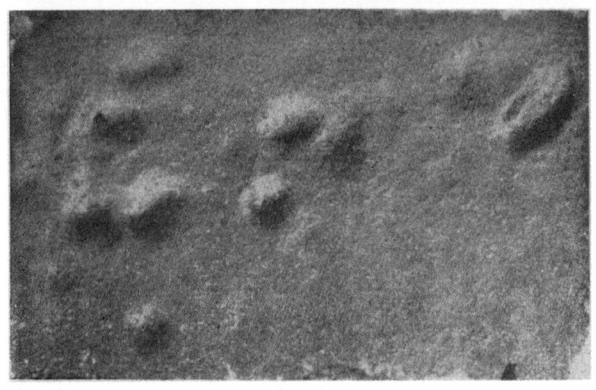

Abb. 1

angenähert halbkugelig, vereinzelt auch in länglicher Form 2—3 cm, mitunter selbst bis zu 10 cm, über die Belagoberfläche hinausragen, und die an der Grundfläche einen Durchmesser bis zu 10 cm, ja selbst bis zu 20 und mehr cm haben. Sie treten in den Belägen vereinzelt oder in Gruppen (Abb. 1), öfter auch in kleineren Abständen über größere Flächen verteilt auf und pflegen mit der Zeit an Größe, insbesondere an Höhe zuzunehmen; hierbei können zwei oder drei eng benachbarte Blasen (Abb. 2) — meist unter möglichster Beibehaltung ihrer Einzelform — sich durchdringen, d. h. ineinander verwachsen, und „Zwillingsblasen" bilden (Abb. 3). Bei ungehinderter Entfaltung findet dieses Wachstum gewöhnlich damit ein Ende, daß die Blasen in ihrem obersten Teil rissig aufplatzen.

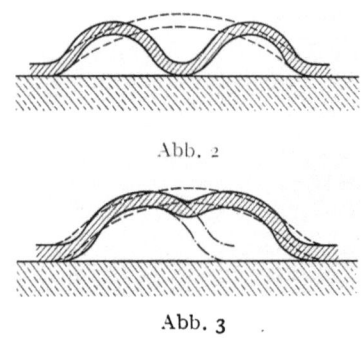

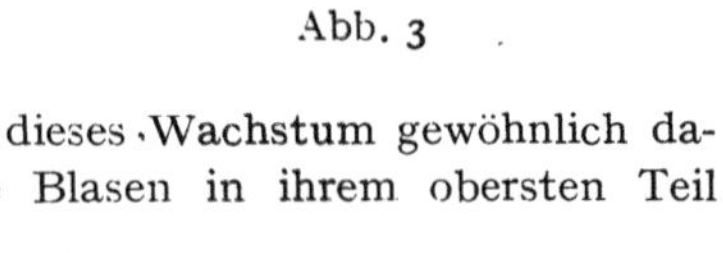

Abb. 2

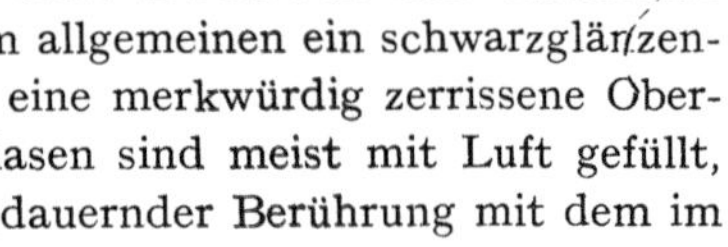

Abb. 3

2. Das Innere der Blasen: Die Innenseite dieser Hohlkörper hat im allgemeinen ein schwarzglänzendes Aussehen und zeigt eine merkwürdig zerrissene Oberflächenstruktur. Die Blasen sind meist mit Luft gefüllt, die allerdings bei langandauernder Berührung mit dem im

---

[1] Die ausführliche Arbeit mit ihren zahlreichen Literaturangaben siehe: „Forschungsarbeiten aus dem Straßenwesen" Band 7, 1938, Volk und Reich Verlag, Berlin.

Asphalt enthaltenen Bitumen mehr oder weniger an Sauerstoff verarmt sein kann. Daneben findet sich häufig Wasser, das neutral reagiert und frei von Geruchs- und Geschmacksstoffen ist, bzw. Wasserdampf. Mitunter wurden in solchen Blasen auch Öltröpfchen festgestellt. Ferner wird über Fälle berichtet, in denen innerhalb dieser Gebilde leichtflüchtige Stoffe, wie z. B. Solventnaphtha, vorhanden waren, die offenbar von Bitumen-Kaltanstrichen der Unterlage der Asphaltbeläge herrührten. Schließlich wurden in solchen Aufbeulungen auch einmal Schößlinge von Baumwurzeln festgestellt, die den Asphaltbelag hochgetrieben hatten.

3. Vorkommen der Blasen: Blasenbildung ist fast ausschließlich bei Gußasphalt beobachtet worden, und zwar handelt es sich dabei um Beläge von Bürgersteigen, Fahrbahnen mit geringem und überwiegend leichtem Personenverkehr, von Dachflächen und Terrassen sowie schließlich um Gußasphalt-Ausfüllungen der eisernen

Abb. 4

Deckel von Kanalisationsschächten, Kabelbrunnen u. dgl. In neuester Zeit ist aber auch ein Fall bekannt geworden, in dem der besonders geartete Walzasphaltbelag verkehrsarmer Hamburger Straßen Beulenbildung zeigte.

Als besonderes Merkmal der Blasenbildung ist anzusehen, daß sie überwiegend im Sommer und meist nur an sonnenbestrahlten, also kräftig erwärmten Stellen der Beläge auftritt. Häufiger wird die Entstehung von Blasen in neuen als in älteren Gußasphaltbelägen beobachtet, und zwar pflegt sich der Höhepunkt der Erscheinung nicht unmittelbar nach der Herstellung, sondern je nach den örtlichen Verhältnissen erst nach 2—5jähriger Liegedauer einzustellen. Es kommt aber auch vor, daß derartige Beläge viele Jahre einwandfrei liegen und dann erst Blasen treiben; so wird von einem Fall berichtet, in dem sich bei einem Gußasphalt-Fahrbahnbelag die erste Blase 16 Jahre nach seiner Herstellung bildete. Begünstigt wird die Blasenbildung offenbar durch geringe Stärke der Gußasphaltbeläge und durch hohen Bitumenüberschuß der Asphaltmasse bei verhältnismäßig weichem Bindemittel.

Die überwiegende Zahl aller beschriebenen Fälle betreffen Gußasphalt auf Betonunterlage; hier hatte der Belag entweder von vornherein nicht am Boden gehaftet oder er löste sich später infolge stellenweise mangelhafter Haftung von der Unterlage los und wurde beulenartig hochgetrieben. In diesen Fällen bildete also der Beton die Grundfläche der blasigen Aufwölbung und schloß sie nach unten hin ab. In doppelschichtigen Belägen wurde aber mitunter auch Blasenbildung zwischen den beiden Asphaltlagen angetroffen (Abb. 4), so daß diese Gebilde allseitig von Gußasphalt umschlossen waren; hierbei handelte es sich nicht immer um Beläge auf Beton, vielmehr wurden derartige Blasen auch in doppelschichtigem Gußasphalt festgestellt, der auf nicht geschlossener Unterlage — etwa auf offenem Holzrost bei Brückengehwegen — aufgebracht war. In solchen Fällen hatte also die Außenluft zur Ober- und Unterseite des Belages freien Zutritt. Auch bei Ausfüllungen der Vertiefungen eiserner Schachtdeckel u. dgl. lagen die Blasen öfter innerhalb des Belages, und zwar nicht immer nur nahe der Grenzflächen Asphalt gegen Eisen.

4. Ursachen des Auftretens der Blasen: Am häufigsten wurde die Blasenbildung bei Gußasphalt auf Unterbeton beobachtet; bei anderen Unterlagearten trat sie wesentlich seltener in die Erscheinung. Schon dieser Umstand ließ vermuten, daß bei Vorliegen von Unterbeton irgendein Zusammenhang zwischen der Beschaffenheit der Asphaltunterlage und der Blasenbildung bestehen müsse. Hinzu kam die Erfahrung, daß alter blasiger Gußasphalt, der nach Aufnahmen von der Straße und Umschmelzen an anderer Stelle verlegt wurde, blasenfreien Belag ergab, während Flicken aus frischer Gußasphaltmasse auf solchen Stellen des Unterbetons, die bereits Blasenbildung gezeitigt hatten, nach längerer oder kürzerer Zeit wieder beulenartige Auftreibungen besaßen.

Die Beobachtung, daß die Blasen ganz allgemein nur an solchen Stellen der Gußasphaltbeläge auftraten, die der sommerlichen Sonnenbestrahlung und damit einer Erwärmung bis etwa 55° ausgesetzt waren, ließ neben der Form und sonstigen Beschaffenheit, sowie dem Wachstum dieser Gebilde darauf schließen, daß meist unterhalb, mitunter auch innerhalb der Asphaltbeläge ein Druck und in der Mehrzahl der Fälle wohl ein Gas- oder Dampfdruck wirksam gewesen sein müßte. Hierauf deutete auch der Umstand, daß Blasenbildung im allgemeinen nur bei Gußasphaltbelägen von Bürgersteigen und von Fahrbahnen mit geringem und überwiegend leichtem Personenverkehr in größerem Umfange auftrat; hinreichend starker Verkehrsdruck wirkt also der Blasenbildung entgegen und verhindert sie.

Welcher Art das druckausübende Gas oder der in gleicher Richtung wirkende Dampf ist, konnte — wenigstens bei Vorliegen von Unterbeton und damit für die Mehrzahl der Fälle von Blasenbildung — nicht zweifelhaft sein. War doch als Inhalt solcher Blasen Luft und Wasserdampf bzw. Wasser festgestellt worden. Außerdem konnte durch Versuche bewiesen werden, daß sowohl Luft wie Wasserdampf Blasenbildung herbeiführen, wenn einer dieser Stoffe absichtlich zwischen Gußasphalt und seine Unterlage gebracht und das gesamte System danach auf die in Frage kommenden Temperaturen erhitzt wurde.

Auch über die Herkunft der Luft und des Wassers konnte bei Vorliegen von Unterbeton kein Zweifel bestehen.

Luft ist ja in den Poren des für derartige Zwecke meist verwendeten hohlraumreichen Betons in genügenden Mengen vorhanden. Ist solcher Beton trocken, so ist er luftdurchlässig und bei seiner Erwärmung findet das Ausdehnungsbestreben der Porenluft wohl nach oben hin in dem gasundurchlässigen Gußasphalt ein Hindernis, nach allen anderen Seiten und nach der Außenluft zu kann aber Druckausgleich erfolgen. Dies ist nur dann nicht der Fall, wenn solcher trockener Unterbeton — wie etwa bei Brückenbelägen — nicht nur nach oben hin durch den Gußasphalt, sondern auch nach den anderen Seiten zu, z. B. durch Eisen, fest abgeschlossen ist. Gleiches gilt, wenn zu der Luft im Beton noch Wasser tritt. Feuchter Beton ist nämlich gasundurchlässig und bei Erwärmung kann ein Druckausgleich wie im trockenen Beton nicht mehr eintreten; es kommt dann zu Druckanstieg und unter gewissen Voraussetzungen besteht die Gefahr der Blasenbildung in erhöhtem Maße, da zu dem von der erwärmten Luft ausgeübten Druck auch noch derjenige des sich bildenden Wasserdampfes tritt. Feuchtigkeitsnester im Beton oder Wasserdampf zwischen dem Asphaltbelag und der Unterlage beeinträchtigen bzw. verhindern aber auch das gute Haften der Asphaltmasse am Unterbeton und dieses ist für die Verhütung der Blasenbildung von ausschlaggebender Bedeutung. Bei guter Verankerung beträgt nämlich die Trennfestigkeit Asphalt/Beton 1 kg/cm^2, während sich der auf Gußasphalt von unten wirkende Gas- und Dampfdruck — bei luft- und wasserhaltigem Unterbeton und der im Sommer in Asphaltbelägen gemessenen Höchsttemperatur von $55°$ — maximal nur zu $0{,}357$ kg/cm^2 errechnet. Haftet also der Asphaltbelag am Beton überall fest an, so kann selbst bei feuchter Unterlage und bei höchsten Sommertemperaturen überhaupt kein so hoher Druck auftreten, der eine Trennung des Gußasphalts vom Unterbeton herbeizuführen vermag und zu Blasenbildung wird es nicht kommen. An Stellen schlechter oder fehlender Verankerung des Belages auf der Unterlage wird aber nicht nur die vor dem Aufbringen der Asphaltmasse im Unterbeton enthaltende Feuchtigkeit, sondern auch späterhin in die Unterlage eindringendes Wasser Aufbeulungen veranlassen können. So wird es erklärlich, daß es auch noch in Belägen zur Blasenbildung kommen kann, die jahrelang einwandfrei ihren Zweck erfüllt haben. Aber selbst dem Augenschein nach trockener Unterbeton kann in tieferen Schichten noch genügend große Feuchtigkeitsmengen enthalten, um gasundurchlässig zu sein. Hierin wird auch der Grund gesehen, daß Blasenbildung in neuerer Zeit häufiger auftritt als früher; heute ist der städtische Straßenbauer meist gezwungen in überhastetem Tempo zu bauen; er muß in verkehrsreicheren Straßen dafür sorgen, daß Bürgersteige und Fahrbahnen möglichst schnell wieder benutzbar werden, es findet sich einfach nicht die Zeit, den Unterbeton völlig austrocknen zu lassen, wie dies früher bei ganz anders gearteten Verkehrsverhältnissen die Regel sein konnte. Jetzt müssen andere Maßnahmen zur Verhütung der Blasenbildung getroffen werden, von denen noch die Rede sein wird.

Nun ist aber Blasenbildung nicht nur bei Gußasphalt auf Unterbeton, sondern auch bei doppelschichtigen Gußasphaltbelägen zwischen Binder- und Schleißschicht beobachtet worden. In manchen Fällen mag dies damit zusammenhängen, daß zwischen dem Verlegen der Binder- und Deckschicht zuweilen mehrere Tage liegen, so daß sich auf der dichten Binderschicht ein Film von Wasser und Schmutz ansammelt, der vor dem Aufbringen der Schleißschicht nicht restlos beseitigt wird. Auch wird leider die Gußasphaltmasse häufiger bei nassem Wetter verstrichen. In allen so gelagerten Fällen würde also die Ursache der Blasenbildung wiederum im Verdampfen der im oder unter dem Belag eingeschlossenen Wassermengen beim Erwärmen durch Sonnenbestrahlung zu suchen sein.

Wie Wasserdampf können naturgemäß auch Dämpfe anderer, bei mäßiger Temperatur verdunstender Flüssigkeit zur Blasenbildung Veranlassung geben. Wird z. B. ein eiserner Schachtdeckel vor dem Verfüllen seiner Vertiefungen mit Gußasphalt mit einem bituminösen Kaltanstrich versehen, und wird der Gußasphalt eingebracht, bevor das Lösungsmittel restlos verdunstet ist, so können die im oder unter dem Belag eingeschlossenen Lösungsmittelreste bei Sonnenbestrahlung zur Bildung der Ausbeulungen führen. Auch wird im Schrifttum von Fällen berichtet, in denen es beim Aufbringen von Gußasphalt dadurch zu Schwierigkeiten kam, daß die Unterlage mit Teer- oder Gasöl durchtränkt oder alter abgefahrener Stampfasphalt mit Autoöl verunreinigt war.

Neben diesen Fällen, in denen die Ursache der Blasenbildung mit Sicherheit auf einen Gehalt der Unterlage des Gußasphalts (Unterbeton oder anderes) an Luft oder leicht verdampfenden Flüssigkeiten zu suchen ist — und diese Fälle stellen die überwiegende Zahl aller beobachteten Blasenbildungen dar —, ist aber das Auftreten der Aufbeulungen auch bei Gußasphalt beobachtet worden, der entweder keine geschlossene Unterlage hatte oder auf trockene Unterlage aufgebracht worden war. Soweit hierbei die Blasenbildung nicht auf nachträgliches Eindringen von Wasser in den Belag oder die Unterlage zurückzuführen ist, kann eine allen Einwendungen standhaltende und durch Versuche erhärtete Erklärung für das Auftreten dieser Erscheinung bisher noch nicht gegeben werden.

5. Ursache des Wachstums der Blasen: Überall da, wo der Unterbeton allseitig von gasundurchlässigem Material (Eisen, Dichtungsbahnen) eingeschlossen ist oder wo er infolge der Gegenwart von Feuchtigkeit gasundurchlässig geworden ist, kann es bei Erwärmung durch Sonnenbestrahlung unterhalb des Gußasphaltbelages zu Druckanstieg kommen. Haftet aber der Gußasphalt durchgehend fest am Beton, so wird trotzdem die Blasenbildung ausbleiben, weil der bei den in Frage kommenden sommerlichen Höchsttemperaturen mögliche Druckanstieg die Haftfestigkeit des Asphaltbelages am Beton nicht zu überwinden vermag. An solchen Stellen aber, an denen kein oder nur mangelhaftes Anhaften des Belages am Unterbeton vorliegt, wird es — bei Fehlen ausreichenden Verkehrsdruckes — zur Blasenbildung kommen. Hierbei werden sich folgende Vorgänge abspielen.

Bei länger anhaltender Sonnenbestrahlung wird zunächst der Gußasphalt durchwärmt werden und erweichen. Erst dann erfährt auch die unterhalb des Belages eingeschlossene Luft und Feuchtigkeit eine allmählich zunehmende Erwärmung. Dabei wird insbesondere die Luft ein sich mit steigender Temperatur vergrößerndes Ausdehnungsbestreben zeigen. Da sie hierbei aber nach der Seite des feuchten, gasundurchlässigen Betons auf ein Hindernis stößt, wird sie den Weg des geringsten Widerstandes wählen; sie wird an den nicht oder schlecht haftenden Belagstellen den erweichten Gußasphalt auftreiben. Unterstützt wird diese Wirkung von dem bei der Erwärmung sich gleichzeitig bildenden Wasserdampf. Es entsteht also eine Blase im Gußasphalt, die sich soweit aufwölbt, bis annähernd Druckausgleich erreicht ist. In den späten Nachmittagsstunden setzt dann Temperaturabfall ein und auch dieser wird zuerst die Asphaltschicht treffen und diese zum Erstarren bringen. Später wird dann auch die Abkühlung der in der Blase eingeschlossenen Luft und des Wasserdampfes erfolgen. Der Wasserdampf kondensiert sich, die Luft zieht sich zusammen und so entsteht im Blasenhohlraum ein allmählich zunehmender Unterdruck, der sich im Verlaufe der Nacht durch vorhandene Undichtigkeiten bzw. durch Ansaugen neuer Luft- und Feuchtigkeitsmengen aus der Unterlage ausgleicht. Bei Beginn neuer Erwärmung durch Sonnenbestrahlung ist dann die Blase wieder mit Luft von Atmosphärendruck gefüllt; daneben ist auch Feuchtigkeit vorhanden und damit der Ausgangszustand erreicht. Mit zunehmender Erwärmung wird infolge der geschilderten Vorgänge eine weitere Aufblähung des von neuem erweichten Asphaltes eintreten; die Blase wird wachsen.

6. Verhütung der Blasenbildung: In der Mehrzahl aller beobachteten Fälle ist also als Ursache der Blasenbildung feuchter Unterbeton anzusehen. Da aus den bereits angeführten Gründen ein Abwarten der völligen Austrocknung des Betons heute meist nicht möglich ist, und außerdem immer mit seiner späteren Durchfeuchtung gerechnet werden muß, sind andere Wege zur Verhütung dieser lästigen Erscheinung beschritten worden.

Zunächst ist die Verwendung bitumenarmer, im Steingerüst sehr standfest eingestellter Gußasphalte als vorteilhaft erkannt worden, da diese selbst bei kräftigster Sonnenbestrahlung weniger zur Blasenbildung neigen als solche, die bei ziemlich hohem Bitumenüberschuß und verhältnismäßig duktilem Bindemittel an sich schon hohe Plastizität besitzen. Da weiterhin das Auftreten der Beulen nur da zu erwarten ist, wo der Gußasphalt nicht oder mangelhaft am Unterbeton haftet, wurde ein Verfahren in Vorschlag gebracht und mit Erfolg angewendet, nach dem die gleichmäßig gute Verankerung des Asphalts durch einen Voranstrich des Unterbetons mit einer kalt verstreichbaren Bitumenlösung gefördert wird.

Ein anderer, mit Erfolg beschrittener Weg trennt den Asphaltbelag vom Unterbeton durch Zwischenbringen von Pappen oder Papier oder erreicht dasselbe Ziel durch Einfügen einer zahlreiche Hohlräume enthaltenden Zwischenschicht — eines sog. offenen Binders — zwischen Asphaltbelag und Unterbeton, in der bei Erwärmung Druckausgleich erfolgen kann.

Schließlich ist man noch dazu übergegangen, auf Unterbeton überhaupt zu verzichten und ihn durch andere Unterlagearten zu ersetzen. So haben sich Gußasphaltbeläge, unmittelbar auf Teerbitumen- oder Bitumensplitt verlegt, gut bewährt. Insbesondere bei Abschluß von Betonausfüllungen von Buckelblechen mit Gußasphalt war ja immer damit zu rechnen, daß der Beton noch nach Jahren Feuchtigkeit enthielt, die nach keiner Seite hin entweichen konnte. Daher sind Buckelbleche mit Asphaltkleinschlag ausgefüllt worden, auf den dann der Gußasphalt unbedenklich verlegt werden konnte.

Sonderdruck aus dem Bericht über die 39. Hauptversammlung des Deutschen Beton-Vereins E.V., am 11. März 1936

„Vom Kriechen des Betons unter Dauerspannungen". [*]

Von Dr.-Ing. A. Hummel, Staatliches Materialprüfungsamt Berlin-Dahlem.

Wird ein Betonkörper einer Dauerspannung unterworfen, so treten die folgenden Formänderungen auf:
1. Die augenblicklichen Formänderungen während der Lastaufgabe; sie sind im Bereich zulässiger Betonspannungen bei gewöhnlichem Schwerbeton zu 95 bis 100 % elastischer Natur.
2. Schwinden bei Luftlagerung des Betons bzw. Quellen bei Wasserlagerung bzw. Feuchtlagerung.
3. Die Formänderungen infolge von Wärmestandswechseln (Ausdehnungen, Zusammenziehungen).
4. Die bleibenden oder plastischen Formänderungen; sie werden bei Dauerbeanspruchungen nach der ausländischen Wortprägung auch Fließen oder besser Kriechen in der Zeit genannt.

Ueber die rechnerische Berücksichtigung der Formänderungen nach Ziffer 1 bis 3 enthält DIN 1045 entsprechende Vorschriften. Die plastischen Formänderungen wurden bisher, soweit sie nicht unbewußt durch Annahme höherer Schwindmaße gelegentlich teilweise gedeckt waren, stillschweigend mehr oder weniger übergangen. Die Berechtigung hierzu scheint von der Beobachtung hergeleitet zu sein, daß die plastische Formänderung beim gewöhnlichen Elastizitäts-Kurzversuch im Bereich von $\sigma_b =$ zulässig selten den Wert von 15 bis 20 % der Gesamtformänderungen übersteigt. Indessen täuscht der Elastizitäts-Kurzversuch in dieser Hinsicht, weil ihm die plastischen Nachwirkungen entgehen.

Denken wir uns einen achsialen Dauerbelastungsversuch bei genau gleichbleibender Temperatur durchgeführt, so daß die raumändernden Einflüsse schwankenden Wärmestands wegfallen, so lassen sich die Gesamtformänderungen, welche sich je nach Spannungsart und Art der Lagerung des Betonkörpers ergeben, durch die Prinzipskizzen der Abbildung 1 darstellen. In den Fällen

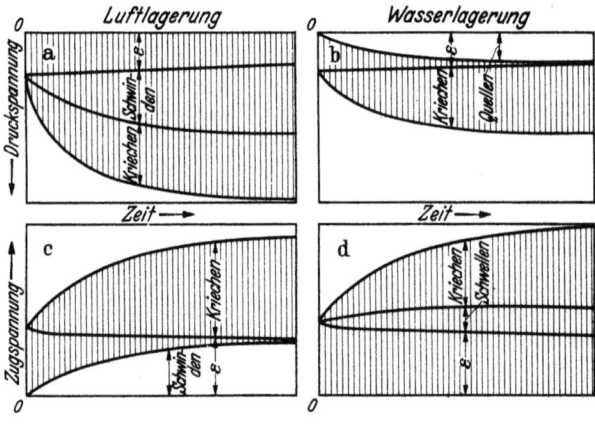

Abbildung 1.

---

[*] Die unter dem Titel „Vom Kriechen oder Fließen des erhärteten Betons und seiner praktischen Bedeutung" in Sonderheft XXXII erschienene vorläufige Mitteilung wurde vom Verfasser im Nachstehenden wesentlich erweitert.

a) und d) addieren sich alle Formänderungen, in den Fällen b) und c) addieren sich nur augenblickliche Formänderungen und Kriechen, während die entgegengesetzt wirkenden Einflüsse der Befeuchtung bzw. Austrocknung abzuziehen sind.

Es erhebt sich nun zunächst die Frage nach den Größenverhältnissen der einzelnen Formänderungen, insbesondere des Kriechens im Vergleich zu den augenblicklichen Formänderungen.

Versuche über plastische Verformungen von Beton- und Eisenbetonkörpern bei Dauerbelastungen wurden erstmals in Amerika angestellt. Bereits 1907 erschien eine Abhandlung von Hatt [1] über wachsende Durchbiegungen bei Eisenbetonbalken. In den Jahren 1915 bis 1919 folgten rasch aufeinander acht amerikanische Arbeiten, darunter zwei von Mc Millan,[2] zwei von Smith,[3] je eine Arbeit von Goldbeck und Smith,[4] Lord und Hollister.[6][7] 1928 kam die englische Arbeit von Faber[8] heraus. Wir werden auf die eine oder andere dieser Arbeiten noch zurückkommen.

So richtungweisend auch alle die früheren Arbeiten gewesen sind, ihr Ertrag war dadurch geschmälert, daß die Versuchsbedingungen nicht eindeutig genug waren. Insbesondere waren es Schwankungen der Lufttemperatur und der Luftfeuchtigkeit, welche in ihren Wirkungen die elastischen und plastischen Formänderungen überlagerten und verschleierten. So war es schwierig oder unmöglich, die beobachteten Gesamtformänderungen auszuwerten und auseinander zu halten, was Temperaturdehnungen, was Schwinden und was Kriechen war. Und diese Ueberlagerung mag auch der Grund dafür sein, warum bei uns die Erscheinung des Kriechens von Beton lange mehr oder weniger unbeachtet blieb. Außerdem wagte sich die Mehrzahl der früheren Arbeiten sofort an die Versuche mit Verbundkörpern heran, ohne daß die Bedingungen zunächst am Beton allein unter einfachen Spannungsverhältnissen studiert waren.

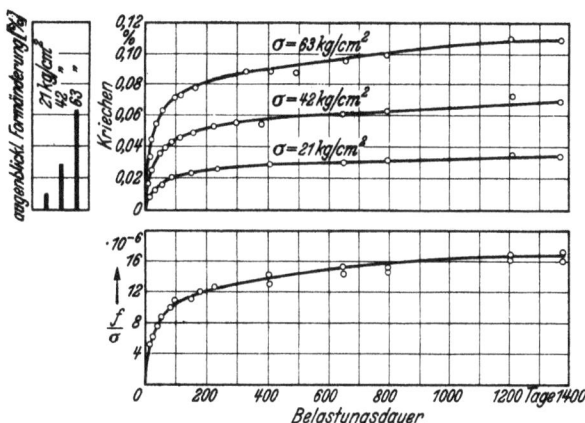

Abbildung 2a und 2b.

Die Verhältnisse wurden sofort einfacher, als sich in den Betonforschungsanstalten die Klimaräume einzubürgern begannen, d. h. die Versuchsräume mit genau regelbarer Temperatur und Luftfeuchtigkeit zur Verfügung standen. Jetzt erst war die experimentelle Ausschaltung des Klimaeinflusses möglich und eine streng trennende Analyse der Formänderungen im Sinne der obigen Prinzipskizzen (Abbildung 1) durchführbar. Und es sollen uns von den weiteren Arbeiten hauptsächlich jene beschäftigen, welche der Kriechfrage eine solch strenge Behandlung zuteil werden ließen, und vor allem zunächst einmal vom Beton ausgingen. Das sind in vorderster Linie die Arbeiten von D a v i s [9] [10]) und G l a n v i l l e. [11]) Beide haben unter wohl definierten Bedingungen zunächst das Kriechen reinen Betons untersucht. Die Ergebnisse bilden eine Fundgrube von sich gegenseitig stützenden aber auch ergänzenden Beobachtungen und decken einen großen Teil der Bedingungen auf, von denen das Kriechen von Beton abhängt. Die wichtigsten dieser Ergebnisse seien zunächst an Hand einiger Abbildungen besprochen.

1. Das Maß des reinen Kriechens, wie es im Sinne der Prinzipskizze Abbildung 1 zu verstehen ist, ist unter sonst vollkommen gleichen Bedingungen — wie zu erwarten — von der G r ö ß e σ d e r D a u e r s p a n n u n g abhängig (Abbildung 2a). Berechnet man das Kriechmaß, bezogen auf die Spannungseinheit, so ergibt sich im Be-

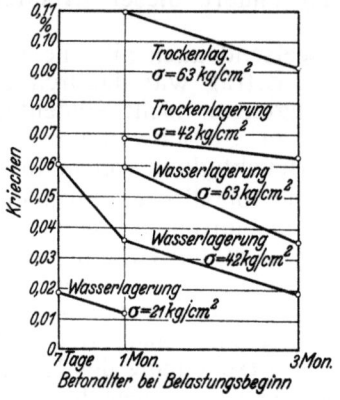

Abbildung 3.

reich der zulässigen Betondruckspannungen und bei Luftlagerung eine ziemlich gute Proportionalität zwischen Kriechmaß und Spannung. Die 3 Linien der Abbildung 2a rücken in eine Linie in der Abbildung 2b zusammen.

Bei den folgenden Abbildungen wolle beachtet werden, daß das Kriechmaß bald in absoluter Höhe, bald als bezogener Wert $\frac{f}{\sigma}$ angegeben ist.

Der zeitliche Verlauf des Kriechens unter Dauerdruckspannung ist, wie aus beiden Abbildungen 2a und 2b zu ersehen, ein solcher, daß anfänglich das Kriechen schnell fortschreitet und später nur noch wenig zunimmt. Unter Umständen aber ist selbst nach mehr als 4 jähriger Belastung noch kein Ruhezustand erreicht.

2. Einen ausgeprägten Einfluß auf die Größe des Kriechmaßes hat das A l t e r d e s B e t o n s b e i B e l a s t u n g s b e g i n n, also das Erhärtungsstadium (Abbildung 3). In je jüngerem Alter ein Beton dauerbelastet wird, um so größer ist das Kriechmaß.

3. Die Wirkung der Belastungsdauer bei verschiedener Höhe der Spannung wird nochmals durch die Abbildungen 4 und 5 deutlich: sie zeigen die augenblicklichen Formänderungen und das Kriechen luftgelagerten Betons 1 : 5,05 nach Gewicht, belastet im Alter von 28 Tagen bzw. 3 Monaten.

4. Der Einfluß des Erhärtungsalters erklärt wohl zum größeren Teil den nachdrücklichen Einfluß der B i n d e m i t t e l a r t auf Größe und Ablauf des Kriechvorganges, wie er aus dem folgenden Bild 6 ersichtlich ist. In diesem Beispiel kriechen die Betone aus hochwertigem und

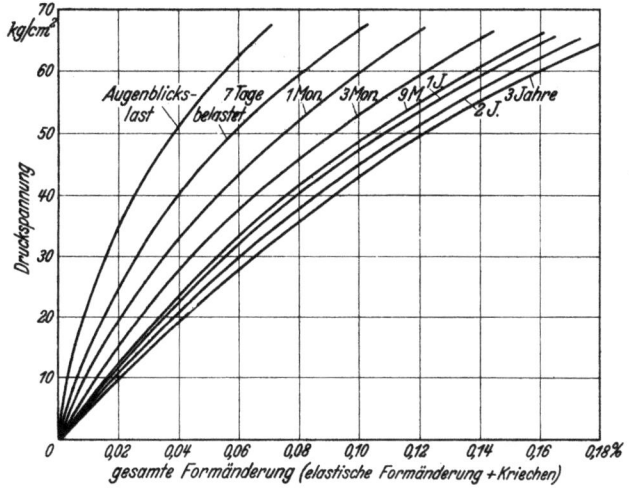

Abbildung 4.

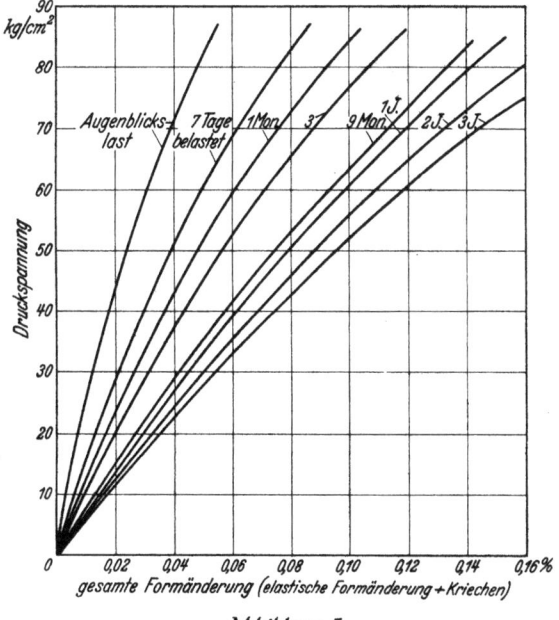

Abbildung 5.

höchstwertigem Zement unter sonst gleichen Verhältnissen weniger als halb so stark wie der Beton aus gewöhnlichem Normenzement. Naturgemäß wird der Unterschied um so geringer werden, je später der Belastungsbeginn einsetzt bzw. um so größer, je früher die Vergleichsbetone aus den verschiedenen Zementen dauerbelastet werden.

Aus der nachdrücklichen Wirkung der Bindemittelart auf das Kriechmaß ergeben sich bereits wichtige Schlußfolgerungen für die Baustoffauswahl der Praxis, worauf später noch zurückzukommen sein wird.

5. Die Abbildung 7 kennzeichnet den beträchtlichen Einfluß des Betonmischungsverhältnisses auf das Kriechen. Je fetter ein Beton ist, um so weniger kriecht er.

6. Mit dem Vorigen ist bereits der Einfluß der Menge der Zuschlagstoffe erledigt. Es verbleibt die Wirkung der Kornzusammensetzung. Abbildung 8 verdeutlicht, daß das Kriechen um so kleiner ausfällt, je größer der Feinheitsmodul des Zuschlags ist, je tiefer also die Sieblinie liegt oder je besser die Kornzusammensetzung beschaffen ist. Wie bei der Beziehung Kornzusammen-

setzung—Druckfestigkeit bestätigt sich aber auch beim Kriechen, daß der Einfluß der Kornzusammensetzung auf das Kriechmaß um so mehr zurücktritt, je fetter das Betonmischungsverhältnis gewählt wird.

7. Bei den Zuschlagsstoffen wirkt sich weiterhin die **mineralogische Beschaffenheit des Gesteins** auf das Kriechen des Betons aus, wie es Abbildung 9 zeigt. Kalksteinbeton kriecht z. B. sehr wenig, Basaltbeton relativ stark, ohne daß die Unterschiede etwa in Parallele zum entsprechenden elastischen Verhalten dieser Betone stünden. Die überraschende Beobachtung des geringen Kriechens von Kalksteinbeton wurde bereits 1917 schon von Smith gemacht. Es steht aber noch offen, ob überhaupt ein direkter Gesteinseinfluß vorliegt, oder ob nicht vielmehr die verschiedenen Kornformen und die abweichenden Oberflächenbeschaffenheiten der Zuschlagskörner mit ihren verschiedenen Wasseransprüchen, Wasserabsorptionen und Haftverhältnissen dabei im Spiele sind. Dies erscheint umso wahrscheinlicher, als die Kriechmaße der Gesteine selbst von kleinerer Größenordnung im Vergleich zum Betonkriechmaß zu sein scheinen.

8. Keine völlige Klärung liegt über die Rolle des Anmachwasserzusatzes beim Kriechen vor. Die wenigen bisherigen Versuchsergebnisse weisen der Wasserhöhe oder dem Wasserzementfaktor nur einen geringen Einfluß auf das Kriechmaß zu; letzteres würde also nur wenig von der Mörtelfestigkeit oder der Festigkeit des Zementsteins im Beton abhängen, was im Widerspruch mit dem oben erwähnten Einfluß des Erhärtungsstadiums steht, sofern nicht rein physikalische Wirkungen der Oberflächenspannungen des Wassers auf den Haufwerkskörnern bzw. in den Poren wirksam sind.

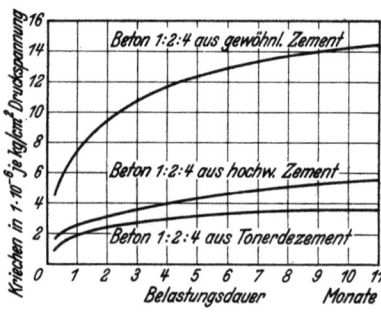

Abbildung 6.

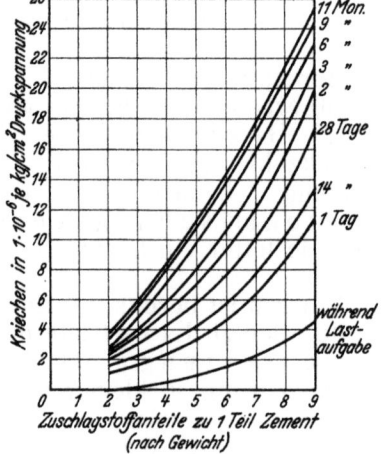

Abbildung 7.

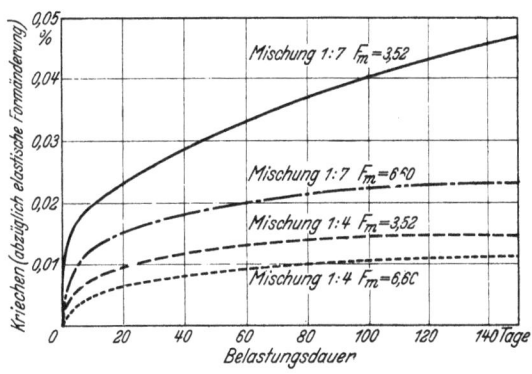

Abbildung 8.

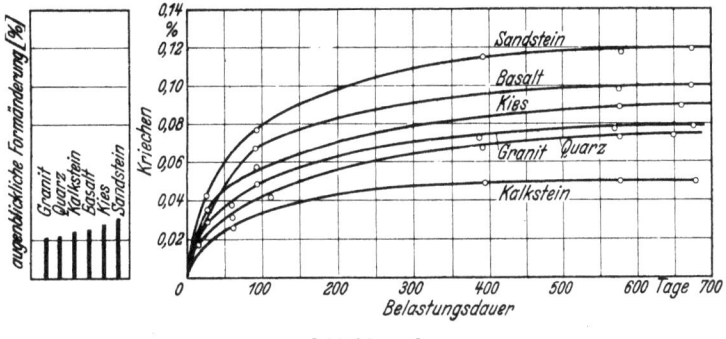

Abbildung 9.

Die bisher beschriebenen Beziehungen zwischen Kriechen einerseits und Spannungsgröße, Betonalter und Betonzusammensetzung andererseits scheinen von einer Gesetzmäßigkeit zu sein, daß sie bei Vorliegen hinreichender Versuchsdaten im Sinne einer zielsicheren Vorausbestimmung des Kriechmaßes durchaus mathematisch auswertbar sein dürften. Auf einem anderen Blatte dagegen steht der noch zu behandelnde Einfluß der Lagerungs- bzw. Nachbehandlungsart, ein Einfluß, der ebenso groß wie leider in der Praxis quantitativ schwer erfaßbar ist. Die Abbildung 10 belegt, daß ein unter Dauerdruckspannung befindlicher Beton bei Wasserlagerung erheblich weniger kriecht als bei Luftlagerung, ja, daß schon verschiedene Luftfeuchtigkeitsgrade sehr verschiedene Kriechmaße bedingen. Es bleibt noch abzuwarten, wie sich diese Einflüsse der Lagerungsart beim Kriechen unter Zug spannung bemerkbar machen. Soviel aber ist jetzt schon sicher: Ebenso wenig, wie sich Schwindmaße aus Laboratoriumsmessungen kleiner Probekörper auf große Bauteile übertragen lassen, ebenso wenig können die an kleinen Probekörpern gewonnenen Kriechmaße ohne irgend einen Schlüssel auf Konstruktionsteile übersetzt werden, da letztere ja durch ihre größere Dicke ganz anderen Austrocknungsbedingungen unterliegen als kleine Körper. Dazu kommt wenigstens bei Luftbauten die bunte Vielheit der Luftfeuchtigkeiten, nicht nur zeitlich, sondern auch örtlich. Im feuchten Seeklima oder bei einer Flußbrücke werden andere Austrocknungsbedingungen vorliegen und daher andere Kriechmaße zu erwarten sein als bei einer Straßenbrücke in trocken warmer Sandgegend. Auch muß der Umstand, daß das Austrocknen das Kriechen des Betons stark begünstigt, dazu führen, daß der Kriechvorgang bei einem Bauwerk, welches zu Beginn eines warmen Sommers fertig wird, schärfer einsetzt als bei einem Bauwerk, welches gegen den Herbst oder Winter zu fertiggestellt wird. Ja, es ist sogar der Fall möglich, daß der Kriechvorgang am Bauwerk bald verzögert, bald beschleunigt verläuft.

Bei Luftbauwerken wird es also notwendig sein, durch genaue Bauwerksbeobachtungen den Schlüssel nach den Laboratoriumszahlen für das Kriechen zu finden. Damit ist aber der Wert der Laboratoriumsversuche über das Kriechen keineswegs geschmälert. Wie immer wird ihre Bedeutung darin liegen, unter wohlbestimmten Bedingungen die verschiedenen Einflüsse auf das Kriechmaß quantitativ zu erforschen, Relativwerte und äußerste Grenzwerte für die Kriechmaße zu sammeln und schließlich zu zeigen, wie von Fall zu Fall ein stark kriechender Beton oder wie ein wenig stark kriechender Beton zusammengesetzt werden muß. Denn es ist ja wohl

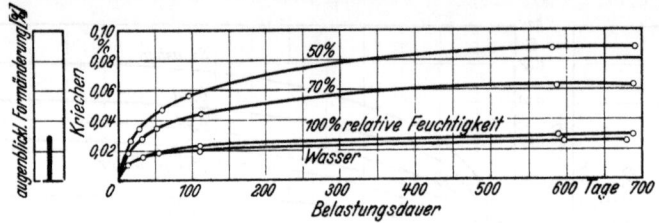

Abbildung 10.

gegen den Schluß nichts einzuwenden, daß jener Beton, der im Laboratorium relativ wenig gekrochen ist, auch am Bauwerk wenig kriechen wird, ohne daß beide Kriechmaße sich der absoluten Größe nach zu decken brauchen.

Wesentlich einfacher werden die Verhältnisse beim Beton für Wasserbauten liegen. Die Eindeutigkeit der Wasserlagerung wird den Laboratoriumskriechzahlen weitgehende Gültigkeit auch für den praktischen Zweck einräumen.

Bezüglich der **Größenverhältnisse** zwischen augenblicklicher Formänderung und Endkriechmaß waren aus den bisherigen Abbildungen schon zahlreiche Anhaltspunkte gegeben. Es zeigte sich, daß bei **wassergelagertem** Beton das Endkriechmaß ungefähr gleich der augenblicklichen Formänderung bei der Lastaufbringung war, daß aber bei **luftgelagertem** Beton das Endkriechmaß nach Jahren den drei- bis vierfachen Wert der augenblicklichen Formänderung ausmachen kann.

Leider hat Davis in seinen Veröffentlichungen die Schwindmaße nicht mitgeteilt; er hat lediglich die nach Abzug der Schwindbewegung sich ergebenden elastischen und plastischen Formänderungen aufgetragen.

Um aber auch noch den Vergleich der Größenordnung von augenblicklicher Formänderung, Kriechen und Schwinden ziehen zu können, habe ich in Abbildung 11 einige Kurven nach den sehr vollständigen Zahlenzusammenstellungen von Glanville aufgetragen. Die Abbildung bezieht sich auf einen Beton von 151 kg/cm² Druckfestigkeit aus gewöhnlichem Normenzement und einen Beton von 191 kg/cm² Druckfestigkeit aus hochwertigem Zement (beide Druckfestigkeiten nach 28 Tagen). Das Bild läßt erkennen, daß das Kriechmaß beim gewöhnlichen Beton ein Mehrfaches des Schwindmaßes ausmacht und beim vorliegenden hochwertigen Beton ungefähr die Größenordnung des Schwindmaßes einhält. Es ist auch nicht unwichtig, festzustellen, daß die Summe aus Kriechmaß und Schwindmaß beim hochwertigen Beton trotz des höheren Schwindmaßes erheblich geringer ist als beim gewöhnlichen Beton. **Jedenfalls aber**

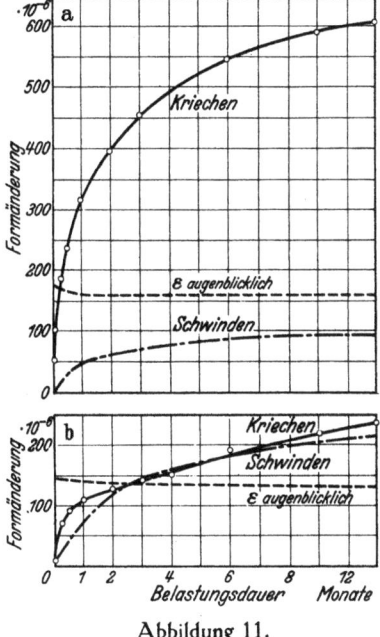

Abbildung 11.

kann an der ganz beachtlichen, beim gewöhnlichen Beton sogar ganz überragenden Größe des Kriechmaßes unter Luftlagerungsverhältnissen nunmehr leider nicht mehr gezweifelt werden.

Eine unumstößlich feste Beziehung zwischen augenblicklicher Formänderung und späterem Endkriechmaß haben die bisherigen Untersuchungen nicht erwiesen. Der übliche E-Modul von Beton ist also kein brauchbares Barometer für eine Kriechmaßvorhersage. Jedoch scheint

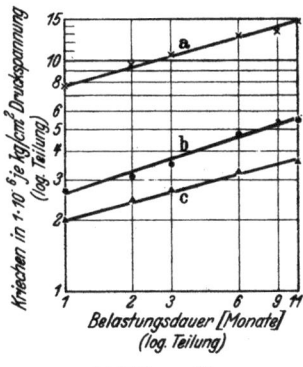

Abbildung 12.

ein Weg für eine rohe Vorhersage des Endkriechmaßes nicht ganz aussichtslos. Trägt man nämlich sowohl $\frac{t}{\sigma}$ als auch Belastungsdauer im logarithmischen Maßstab auf, so ergeben sich für die Kriechzeitbeziehung g e r a d e L i n i e n. In Abbildung 12 ist dies für die 3 Betone nach Abbildung 6 geschehen und belegt. Aus zwei zeitlich nicht allzu eng aufeinander gemessenen Kriechwerten kann man also durch Ziehen der geraden Linie im logarithmischen Koordinatensystem auf die Kriechwerte zu anderen Zeiten wenigstens näherungsweise schließen. Es braucht wohl nicht betont zu werden, daß hierbei eine gewisse Stetigkeit der Lagerungsbedingungen Voraussetzung ist.

Die F o l g e n d e s K r i e c h e n s bei Dauerdruckbelastung für d e n B e t o n s e l b s t zeigen sich zunächst wenigstens bei niederen Spannungen in einer Aufrichtung und Begradigung der Spannungsstauchungslinien im Vergleich zu den Linien des nichtvorbelasteten Betons gleichen Alters, und zwar um so mehr, je länger die Dauerlastperiode währt (Abbildung 13). Die Begradigung deutet an, daß sich der E-Modul für alle zulässigen Gebrauchsspannungen mehr und mehr einem konstanten Wert nähert. **Nach genügend lang anhaltender Dauerdruckbelastung, d. h. plastischer Verformung, wird der Beton also ziemlich vollkommen elastisch.** Die Aufrichtung der Spannungsstauchungslinien deutet auf eine Erhöhung des E-Moduls hin.

Die Druckfestigkeit des gekrochenen Betons ist um ein Geringes höher als diejenige des gleich alten nicht vorbelasteten Betons. Einige Zahlen

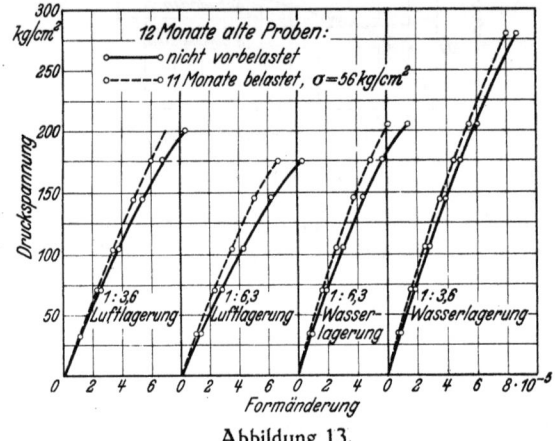

Abbildung 13.

nach Davis enthält die folgende Tafel (Zusammenstellung I). Die Tafel zeigt zwar die Geringfügigkeit der Zunahme, aber wenigstens die Beruhigung, daß keine Festigkeitsabnahme, also keine Strukturlockerung vorliegt. Ob mit der Verfestigung eine Erhöhung der Betondichtigkeit parallel geht, scheint bisher zahlenmäßig nicht verfolgt worden zu sein.

Zusammenstellung I.
Wirkung des Kriechens auf die Druckfestigkeit von Beton (nach Davis).

Alter in Monaten	Lagerungsart	Druckfestigkeit kg/cm²			
		Beton 1:3,6		Beton 1:6,3	
		Belastet	Unbelastet	Belastet	Unbelastet
5	Luft	375	358	228	228
5	Wasser	437	423	242	250
12	Luft	365	335	256	242
12	Wasser	417	406	296	291

Im Rahmen seiner umfassenden Versuchsarbeit hat Davis an einigen Betonreihen die **Erholung** nach der Entlastung der zuvor dauerbelasteten Betonkörper beobachtet. Die Gesamtformänderungen eines Betons, der im Alter von 28 Tagen mit σ = 56 kg/cm² während 1 Jahres dauerbelastet worden war, sind aus der Zusammenstellung II ersichtlich. Hiernach ist die Erholung bei wassergelagertem Beton der absoluten Höhe nach wiederum beträchtlich geringer als beim luftgelagerten Beton. Die plastische Erholung ist roh der 10. Teil des Kriechmaßes, die gesamte Erholung (augenblickliche plus

Zusammenstellung II.
Erholung gekrochenen Betons 1:3,6 (nach Davis).

	Lagerung	
	Luft	Wasser
Augenblickliche Stauchung unter $\sigma = 56$ kg/cm², aufgebracht im Alter von 28 Tagen	0,0243 %	0,0194 %
Gesamtes Kriechen nach einjähriger Belastung	0,0488 %	0,0169 %
Augenblickliche Erholung bei Entlastung	0,0173 %	0,0111 %
Plastische Erholung während 5 Tagen	0,004 %	0,0022 %

plastische Erholung) ist rund $\frac{1}{4}$ bis $\frac{1}{3}$ der Gesamtformänderung (augenblickliche Formänderung plus Kriechen). 75 % der plastischen Erholung spielten sich innerhalb eines Tages nach der Lastwegnahme ab.

Schließlich ist Davis der **Wirkung wiederholter Belastung und Entlastung** kürzerer und längerer Dauer nachgegangen. Einige Beispiele zeigt die Abbildung 14. Es zeigen sich elastische Stauchungen,

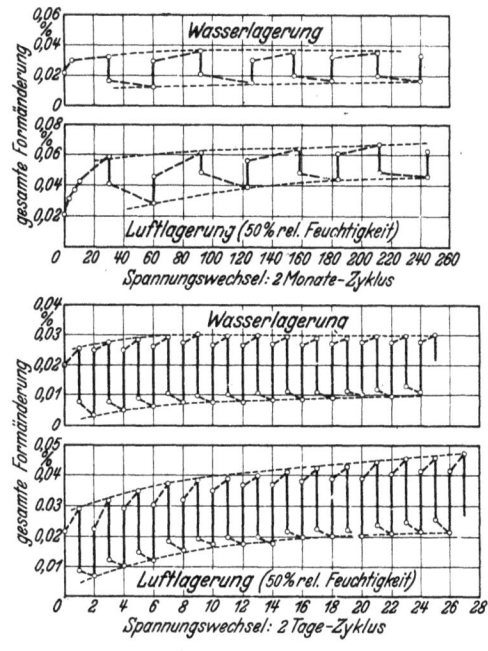

Abbildung 14.

deutliche kurze Kriechabschnitte, elastische Erholungen und deutliche Abschnitte plastischer Erholungen. Die einhüllenden Grenzlinien lassen erkennen, daß auch bei wiederholter Be- und Entlastung im Gesamten der Kriechvorgang fortschreitet.

Die bisherigen Mitteilungen beziehen sich auf das Kriechen unter Druckspannungen. Aehnlich umfangreiche Versuche unter Dauerzugspannungen scheinen noch nicht vorzuliegen. Glanville hat damit begonnen. Bei den derzeitigen Schwierigkeiten in der Beschaffung des ausländischen Schrifttums kann leider nur auf das Ergebnis hingewiesen werden, auf das bereits Prof. Graf[12]) einmal in diesem Kreise eingegangen ist (Abbildung 15). Hiernach ist bei einer Spannung von 10,5 kg/cm² das

Kriechmaß bei Druck und Zug ziemlich dasselbe, wenigstens innerhalb der halbjährigen Beobachtung.

Die verschiedenen Einflüsse der Betonzusammensetzung, der Einzelstoffe und der Lagerungsbedingungen auf das Zugkriechen in gleicher Weise abzutasten, wie es beim Druckkriechen geschehen ist, ist nicht nur für die Probleme der Erhöhung der Rissesicherheit im Beton-,

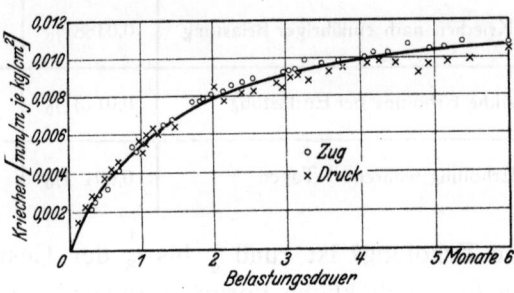

Abbildung 15.

Eisenbeton- und Straßenbau unerläßlich, sondern überhaupt für die Klärung der Ursachen der Kriechvorgänge unter verschiedenen Feuchtigkeits- bzw. Trockenheitsverhältnissen wichtig. Ueber den Mechanismus des Kriechens und seiner Ursachen bestehen ja bisher nur Vermutungen, welche uns hier nicht weiter beschäftigen können.

Daß eine **Bewehrung** das Kriechmaß in ähnlicher Weise dämpfen wird, wie es beim Schwinden der Fall ist, veranschaulicht die folgende Abbildung nach Davis (Abbildung 16). In diesem Beispiel hat eine rund 3%ige Bewehrung das Schwindmaß wie auch das Kriechmaß

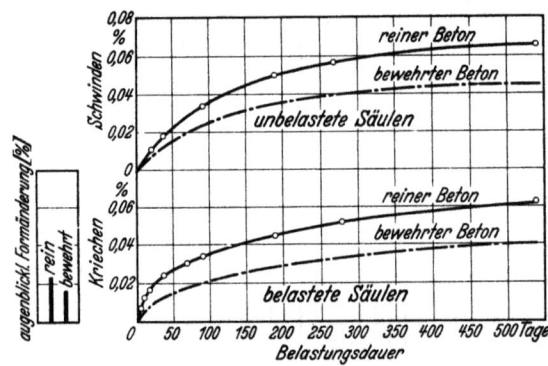

Abbildung 16.

auf rund 66% der Maße des reinen Betons herabgedrückt. Dieses Ergebnis wird künftig bei der Erörterung der Frage nach der Zweckmäßigkeit oder Unzweckmäßigkeit von Druckbewehrungen in Biegegliedern berücksichtigt werden müssen. Hierauf wird nochmals zurückzukommen sein.

Die Versuchsergebnisse über das Kriechen reinen Betons auswertend, ist festzustellen, **daß der Beton namentlich in den ersten Jahren ein vornehmlich plastischer Baustoff ist. Nur bei Augenblicksbelastung oder voraufgegangener Dauerbelastung unterhalb gewisser Spannungen zeigt er gewisse elastische Eigenschaften.** Die ermittelten Kriechwerte sind erheblich genug, um in der Praxis des Beton- und Eisenbetonbaus ins Gewicht zu fallen, selbst wenn dort bei den größeren Querschnittsabmessungen nur etwa 50 bis 75 % der Laboratoriumswerte einzusetzen wären. **Die festgestellten großen plastischen Verformungen machen es unmöglich, aus irgend welchen Formänderungen des Betons nach der Elastizitätstheorie auch nur annähernd auf die Spannungen zu schließen, wie auch umgekehrt aus Spannungen, soweit es sich um Dauerspannungen handelt, unter Benützung der üblichen E-Moduln auf die Betonformänderungen Schlüsse zu ziehen.**

Eine genauere Spannungsanalyse im Beton- und Eisenbetonbau wird in Zukunft nicht nur bei der Momentenerrechnung, sondern auch bei der Spannungsermittlung die vorübergehend und **kurz** einwirkenden Nutzlasten und die **dauernd** wirkenden Nutzlasten aus Eigengewicht und sonstigen toten Lasten auseinander halten müssen. Die Formänderungen aus den Verkehrslasten und Nutzlasten werden mit den üblichen E-Moduln zu erfassen sein, nicht aber die Formänderungen aus Dauerspannungen und langsam anwachsenden Spannungen. Ihnen wären Formänderungsmoduln zu Grunde zu legen, welche das Kriechen mitberücksichtigen, also Moduln von der Form $M = \frac{\sigma}{\epsilon + f}$. Davis nannte solche Moduln Dauerwiderstandsmoduln, Glanville den effektiven E-Modul. Sachlich wäre wohl besser, hier nicht von Elastizitätsmodul zu sprechen, da ja nur der weitaus geringere Teil einer elastischen Formänderung zuzuschreiben ist. Da nach den obigen Ermittlungen das Kriechmaß f bei luftgelagertem Beton drei- bis viermal so groß werden kann als die augenblickliche Formänderung ϵ, so kann der Wert für den Dauerformänderungsmodul auf $\frac{1}{4}$ bis $\frac{1}{5}$ des üblichen Elastizitätsmoduls herabsinken. Bei wassergelagertem Beton, bei dem das Endkriechmaß ungefähr gleich der augenblicklichen Formänderung ist, würde der übliche E-Modul etwa zu halbieren sein.

Die getrennte Behandlung der Lastwirkungen wird insbesondere bei allen Bauwerken wichtig und ins Auge zu fassen sein, bei denen wie bei Brücken der Anteil der Spannungen aus toten Lasten meist $\frac{3}{4}$ bis $\frac{4}{5}$ der Gesamtspannungen ausmacht.

Schwindspannungen, welche ja von einem Nullwert ganz langsam bis zu einem Größtwert anwachsen, wäre ebenfalls der Dauerformänderungsmodul zu unterlegen. In diesem Zusammenhange darf auch an den zur Arbeitsvereinfachung beachtlichen Vorschlag Glanville's erinnert werden, alle Formänderungen gewissermaßen zusammengefaßt in einem Gesamtformänderungsmodul $M_{gesamt} = \frac{\sigma}{\epsilon + s + f}$ zu berücksichtigen.

Zur Charakterisierung der verschiedenen Moduln sei nicht versäumt, darauf hinzuweisen, daß der übliche E-Modul mit dem Alter des Betons bekanntlich zunimmt, während der Formänderungsmodul unter Einschluß des Kriechens mit dem Betonalter abnimmt. Daraus dürften manche Scheitelsenkungen von Bögen zu erklären sein, deren Ausmaß aus dem Schwinden des Betons allein nicht zu verstehen ist. Das amerikanische Schrifttum weist auf die folgenden beiden deutschen Beispiele hin (Abbildung 17). Es wäre noch aus den klimatischen Daten jener Baujahre zu überprüfen, ob nicht das hohe Setzmaß der ersteren Brücke darauf zurückzuführen ist, daß das Bauwerk gerade in den das Kriechen begünstigenden Sommermonaten fertig geworden ist, während das letztere Bauwerk erst im Herbst beendet worden zu sein scheint. Auch eine Magdeburger Betonbrücke weist bei absolut in Ruhe befindlichen Widerlagern noch andauernde Scheitelsenkungen auf, die aus dem Betonschwindmaß nicht verständlich sein sollen.

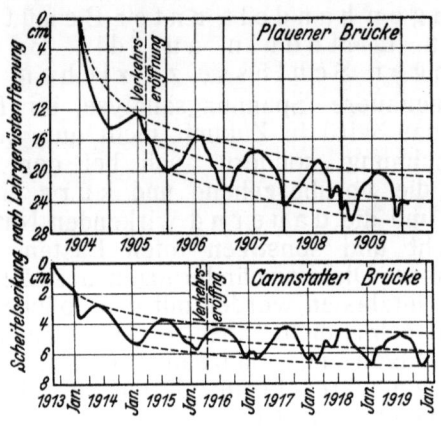

Abbildung 17.

Aus der Zahl der Kriechversuche an Verbundkörpern greifen wir zunächst diejenigen an Eisenbetonsäulen heraus, und zwar unter diesen wiederum auch nur solche, die irgendwie sowohl hinsichtlich der Versuchsanordnungen als auch bezüglich der Meßverfahren bereits mit den Einsichten in das Kriechen reinen Betons rechnen konnten. Angezogen seien die Versuche der Lehigh-Universität von Slater und Lyse, bei welchen spiralbewehrte Eisenbetonsäulen von 1,52 m Länge und 20 cm Kerndurchmesser während eines Jahres dauerbelastet worden waren. Einige der Ergebnisse sind in der Abbildung 18 veranschaulicht. Als Folge der vereinigten

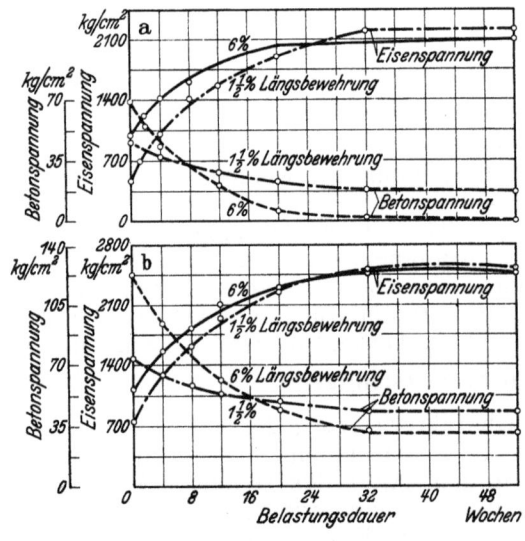

Abbildung 18.

Wirkung von Schwinden und Kriechen des Betons findet eine Abwanderung der Spannungen vom Beton nach der Längsbewehrung statt. Diese Feststellungen wurden durch Messung der Längseisenstauchungen gemacht, die, soweit sie im elastischen Bereich bleiben, unmittelbar die

Lastabwanderungen anzeigen. Die Betonspannungen wurden jeweils aus $\frac{\text{Gesamtlast} - \text{Eisenbelastung}}{\text{Betonquerschnitt}}$ unter der Annahme gleichmäßiger Spannungsverteilung über den Betonquerschnitt ermittelt. Es ist dabei allerdings vorausgesetzt, daß das Eisen selbst nicht kriecht. Nach Abbildung 18 waren die Anfangs- und Endspannungen:

Säulen aus Beton von 140 kg/cm² Druckfestigkeit:

	Anfangsspannung kg/cm²		Endspannung kg/cm²	
	Eisen	Beton	Eisen	Beton
1½ % Längsbewehrung	490	47	2240	18
6 % Längsbewehrung	1000	69	2100	3

Säulen aus Beton von 350 kg/cm² Druckfestigkeit:

	Anfangsspannung kg/cm²		Endspannung kg/cm²	
	Eisen	Beton	Eisen	Beton
1½ % Längsbewehrung	725	73,5	2630	44
6 % Längsbewehrung	1124	123	2590	32

Die Gesamtlasten der Säulen waren nach den amerikanischen Säulenvorschriften errechnet und betrugen bei den beiden ersten Säulenreihen 17,4 bzw. 27,4 t, bei den beiden letzten Säulenreihen 41 bzw. 59 t. Die Spiralbewehrung sei in jedem Falle 2 % gewesen.

Das Spannungswachstum im Längseisen war naturgemäß g r ö ß e r bei niederen Bewehrungsprozenten als bei höheren Bewehrungsprozentsätzen. Die Abnahme der Betonspannungen war größer bei höheren Bewehrungsprozentsätzen als bei niederen.

Parallelversuche mit a n d e r e n Vom-Hundertsätzen der Spiralbewehrung ergaben, daß die Formänderungen p r a k t i s c h unabhängig vom Prozentsatz der Spiralbewehrung sind. Säulen ohne Spiralen scheinen nur etwas größere augenblickliche Formänderungen bei der Lastaufbringung aufgewiesen zu haben, während der Formänderungszuwachs unter Schwinden und Kriechen den Verhältnissen bei den spiralbewehrten Säulen nahekommt.

Die Abbildung 18 veranschaulicht, daß bei niederen Längsbewehrungsquoten die Eisenspannung u. U. die Quetschgrenze erreicht. Da aber nach dem früheren der geflossene Beton nichts an seiner Festigkeit verloren, ja eher etwas gewonnen hat, so ist es berechtigt, anzunehmen, daß der Beton auch weiterhin imstande sein wird, seinen vollen Lastanteil zu übernehmen, wenn das Eisen die Quetschgrenze übersteigt. Und wenn das gequetschte Eisen durch Bügel bzw. Spiralen und genügende Betonüberdeckung am seitlichen Ausweichen gehindert ist, ist vorläufig nicht zu erwarten, daß die Säulen ihre Tragfähigkeit einbüßen.

Ueber die Abwanderung der Spannungen vom Beton nach den Längseisen bei mittig dauerbelasteten Eisenbetonsäulen liegen inzwischen auch die Ergebnisse deutscher Untersuchungen (Heft 77 des Deutschen Ausschusses für Eisenbeton), österreichischer Versuche und der Versuche von Davis und Glanville vor. Glanville hat für die Spannungsumlagerung eine Theorie entwickelt, welche Ergebnisse lieferte, die mit seinen Versuchen an kleinen Eisenbetonsäulen befriedigend übereinstimmten. Ferner hat Glanville die Vorgänge bei Eisenbetonsäulen aus v e r s c h i e d e n e n Z e m e n t a r t e n überprüft. Er fand, daß die schließlichen Eisenspannungen bei Portlandzementbetonsäulen, welche im Alter von 28 Tagen dauerbelastet werden, höher sind als jene bei Eisenbetonsäulen aus hochwertigem Zement, belastet nach 7 Tagen, und daß diese Eisenspannungen zum Schluß ihrerseits wieder höher sind als bei Eisenbetonsäulen aus Tonerdezement, die bereits nach 1 Tag belastet werden. Es ist selbstverständlich, daß diese Unterschiede der Eisenspannungen am Ende noch größer ausfallen müssen, wenn alle drei Säulenarten etwa in g l e i c h e m Alter dauerbelastet werden würden.

Schließlich zeigte Glanville, daß bei verschiedenen Säulenbewehrungsprozentsätzen die rechnerisch zulässigen Betonanfangsspannungen verschieden angenommen werden müssen, wenn etwa die Endspannung der Längseisen mit einer bestimmten Höhe begrenzt werden sollte. Z. B. müßten, wenn die Eisenspannung zum Schluß den Wert von 1750 kg/cm² nicht übersteigen sollte, beim Beton 1:2:4 (etwa 300 kg Zement je m³ Beton) die folgenden Betonanfangsspannungen zugelassen werden:

bei 1 %₀ Bewehrung: 36 kg/cm²,
bei 3 %₀ Bewehrung: 55 kg/cm²,
bei 5 %₀ Bewehrung: 70 kg/cm².

Die älteren Versuche an B i e g e g l i e d e r n, so zahlreich sie an sich sind, lieferten keine so quantitativ eindeutigen Ergebnisse. Wie es bei den älteren Säulenversuchen versäumt worden ist, zur quantitativen Erfassung der Spannungsumlagerung die Formänderungen der Bewehrung zu messen, so ist dies meist auch bei den älteren Versuchen an Platten und Balken übersehen worden. Es wurden zumeist nur Durchbiegungen verfolgt. Außerdem entbehren alle älteren Versuche an Biegegliedern der Temperatur- und Feuchtigkeitskontrolle, welche dort vielleicht noch wichtiger ist, als bei den Säulen. Aus der großen Zahl an älteren Untersuchungen an Eisenbetonbalken ragt die Arbeit von Mc Millan aus dem Jahre 1916 heraus. Dort wird bereits berichtet, daß der Beton bei Eisenbetonbalken auf 2 Stützen selbst nach 2 jähriger Dauerbelastung noch nicht aufgehört habe, zu kriechen. Die Schlußfolgerungen betonen, daß die Gesamtformänderungen nach 6 Monaten Dauerlast rund 3 mal, nach 2 jähriger Dauerlast rund 4 mal so groß gewesen seien als die anfängliche Formänderung und daß n von einem Anfangswert von 9 bis 15 in wenigen Monaten auf 20 bis 30, nach 2 Jahren bereits auf etwa 60 angewachsen sei. 1928 erschien die viel angeführte Arbeit von F a b e r, der ebenfalls Eisenbetonbalken auf 2 Stützen, allerdings bei einer Dauerbelastung von nur wenigen Wochen, untersuchte. Die Balkenquerschnitte waren dabei mit 5 . 12,5 cm, bewehrt mit 2 Rundeisen 5 mm, sehr dünn — sie sind kaum rissefrei geblieben — und dürften daher angesichts des großen Einflusses der Austrocknung auf das Kriechen obere Grenzwerte geliefert haben, welche in der Praxis nicht allzu häufig sein dürften. In der Tat waren auch die gesamten Formänderungen innerhalb von 36 Wochen rund 6 mal so groß als die elastische Formänderung bei $\sigma_b =$ 42 kg/cm². Es wurden von Faber Balken mit und ohne Druckbewehrung überprüft. Bemerkenswert als erstmalig ist das Ergebnis, daß das Verhältnis der Eisenspannungen am Schlusse der Dauerbelastung zu den anfänglichen Eisenspannungen nur 1,2 bei der Zugbewehrung, aber nicht weniger als 4,3 bei der Druckbewehrung betrug.

Davis schlußfolgerte aus der Gesamtheit der früheren Untersuchungen an bewehrten Platten und Balken:

„In den gewöhnlich bewehrten Balken und Platten führt die vereinigte Wirkung von Schwinden und Kriechen des Betons zu einem allmählichen Sinken der Nullinie bei Querschnitten mit positivem Moment bzw. zu einem

Anheben der Nullinie bei Negativmoment-Querschnitten. Hieraus folgt eine Vergrößerung der Durchbiegungen, eine Verringerung der Betondruckspannung und eine Erhöhung der Eisenzugspannung. Bei durchlaufenden und eingespannten Trägern ergibt sich aus dem Kriechen eine allmähliche Momentenneuverteilung in dem Sinne, daß sich positive und negative Momente einander angleichen."

Eine neuere in den Jahren 1932 bis 1934 von Richart durchgeführte Untersuchung an 10 Eisenbetonrahmen beansprucht im einzelnen unsere volle Aufmerksamkeit. 8 U-förmige und 2 geschlossene Rechteckrahmen von den Systemlinienabmessungen 150.210 cm wurden 2 Jahre lang in den Drittelspunkten des Riegels dauerbelastet. Die Querschnittsabmessungen kommen mit 12,5.24 cm für die Riegel bzw. 12,5.18 bis 28 cm für die Stiele den praktischen Verhältnissen bedeutend näher als es bei den Abmessungen der Biegeglieder der meisten älteren Versuche der Fall gewesen war. Die Dauerbelastung der Rahmen setzte im Alter von 28 Tagen ein. Temperatur und Feuchtigkeit des Versuchsraumes wurden ziemlich konstant gehalten. Gemessen wurden die Formänderungen der Zug- und Druckbewehrung und des Druckbetons an den ausgezeichneten Querschnitten, wie auch die Winkeländerungen an den Rahmenecken. Berechnet waren die Rahmen für eine Eisenzugspannung von 1400 kg/cm^2 und eine Betondruckspannung von 98 kg/cm^2. In der Zusammenstellung III sind die Verhältniszahlen der gesamten Formänderungen zu den anfänglichen augenblicklichen Formänderungen während der Lastaufbringung zusammengestellt und zwar für die Belastungszeiträume von 4 Monaten und 2 Jahren.

Der wiedergegebenen Zusammenstellung in Verbindung mit den Schlußfolgerungen ist zu entnehmen:

Das Anwachsen der Eisenzugspannungen in Riegelmitte auf das 1,8 fache ist nicht so erheblich. Dagegen ist das Wachstum der Formänderungen in der Druckzone des Riegels auf das 4- bis 6 fache des Wertes nach Aufbringen der Last sehr bedeutend. Der Versuchsbericht gibt an, daß diese großen Formänderungen sogar jenen Gesamtformänderungen entsprochen hätten, welche bei den schnell bis zum Bruch belasteten Parallelrahmen aufgetreten seien.

Als bedeutsamste Wirkung des Schwindkriechvorganges wird die Erzeugung sehr hoher Spannungen im Biegedruckeisen angesehen, die bei kleinen Bewehrungsprozentsätzen sehr leicht überbeansprucht sein können. Die Druckeisen verringern offensichtlich die Kriechbewegungen des Rahmens und versteifen denselben.

Bezüglich der Momentenabwanderung wurde gefunden, daß diese so klein und unregelmäßig gewesen sei, daß sie vernachlässigt werden könne.

Im ganzen zeigte sich, daß etwa $\frac{7}{8}$ der Veränderungen durch das Kriechen und Schwinden sich bereits innerhalb der ersten 4 Monate abgespielt haben. Von der Gesamtwirkung aus Schwinden plus Kriechen sei das letztere mit $\frac{2}{3}$ bis $\frac{4}{5}$ das einschneidendere gewesen. Der Versuchsbericht schließt mit der Feststellung, daß die Dauerformänderungen allem Anschein nach die Sicherheit der in der üblichen Weise berechneten Eisenbetonrahmen nicht gefährde, sofern eine gute Einbindung der Druckbewehrung vorläge. 1934 erschienen im Heft 78 des Deutschen Ausschusses für Eisenbeton die Ergebnisse der Dresdener Versuche von Prof. Gehler und Amos.[13]) Die

Einzelheiten dieser Versuche werden als bekannt vorausgesetzt. Dort wurden selbst bei Verbundkörpern aus hochwertigem Zement ($Wb_{28} = 296$ kg/cm²) Gesamtformänderungen im Druckbeton festgestellt, welche das 8 fache der augenblicklichen Formänderungen ausgemacht haben. Nach Abzug des Schwindens betrug die plastische Formänderung noch das 4- bis 5 fache der

Zusammenstellung III. Wachstum der Formänderungen bei 4 monatiger und 2 jähriger Dauer-Belastung.

Rahm.-Nr.	Belast.-Dauer	Verhältnis der Gesamtbewegung zur anfängl. elastischen Bewegung						
		Zugeisen Mitte Spannweite	Druckbewehr Mitte Spannweite	Druckbewehr Säulenkopf	Beton Mitte Spannweite	Beton Säulenkopf	Durchbiegung Mitte Spannweite	Eckverdreh.
A 1,2	4 Monate	1,5	—	—	4,4	4,9	3,2	3,2
B 3,4	"	1,6	—	—	5,0	7,6	4,0	3,8
B 5,6	"	1,5	4,4	3,0	5,2	3,9	3,0	3,0
B 7,8	"	1,5	5,3	4,1	3,7	3,9	2,8	2,7
B 9,10	"	1,4	—	—	4,2	4,2	2,5	2,3
Durchschnitt		1,5	4,8	3,6	4,5	4,9	3,1	3,0
A 1,2	2 Jahre	1,6	—	—	5,4	5,8	3,9	3,8
B 3,4	"	1,8	—	—	6,1	8,5	4,6	4,5
B 5,6	"	1,7	5,1	3,3	6,2	4,2	3,6	3,4
B 7,8	"	1,6	5,7	4,4	4,1	4,1	3,3	2,9
B 9,10	"	2,2	—	—	5,3	5,2	3,0	2,6
Durchschnitt		1,8	5,4	3,8	5,4	5,5	3,7	3,4
Verhältnis Mittel 4 Monate / Mittel 2 Jahre		0,83	0,89	0,94	0,83	0,89	0,84	0,88

augenblicklichen Formänderung, Beträge, welche für hochwertige Betone sehr hoch sind. Sie werden aus der teilweise sehr geringen Luftfeuchtigkeit von 40 % im Prüfraum zu erklären sein.

Die mit genaueren Mitteln vorzunehmenden Untersuchungen über die Kriecherscheinungen bei Biegegliedern sind der Fortsetzung bedürftig. Vor allem sind die meist nur nach Faustformeln berechneten wenig steifen durchlaufenden Platten zu untersuchen, wie auch durchlaufende Balken und Plattenbalken, insbesondere auch im Hinblick darauf, daß über den Auflagern höhere Betondruckspannungen zugelassen sind als im Feld, womit nach dem früher Gesagten wohl auch verschiedenes absolutes Kriechmaß über Auflager und im Feld zu erwarten ist. Mit den Richart'schen Ergebnissen über ein geringes Abwandern der Momente scheint jedenfalls das letzte Wort in dieser Angelegenheit nicht gesprochen.

Bisher wurde das Kriechen von Beton nur von seiner unangenehmen Seite her betrachtet. Es ist nicht zu übersehen, daß es auch seine Vorteile bietet. Sofern die weiteren Untersuchungen erweisen, daß das Zugkriechen dem Druckkriechen nicht nachsteht, bedeutet ein starkes Kriechen des Betons eine Verringerung der Rißbildungsgefahr unter primären wie sekundären Schwindspannungen, wie auch bei langsam auftretenden Temperaturspannungen. Bei einzelnen unbelasteten Säulen der Versuche an der Lehigh-Universität wurden Zugspannungen im Beton von 32 kg/cm^2 berechnet; trotzdem haben scharfe Untersuchungen keinerlei Risse im Beton entdecken können. Voraussetzung hierbei ist, daß die Schwindspannungen in der Tat nur l a n g s a m vom Nullwert zum Größtwert anwachsen, d. h. daß j e d e s r u c k a r t i g e S c h w i n d e n v e r m i e d e n i s t. Beton muß also tunlichst langsam aus der Feuchtbehandlung entlassen werden. Die unangenehmen Folgen ruckartigen Schwindens beleuchten ferner auch, warum hochwertige und vor allem höchstwertige Bindemittel im allgemeinen etwas mehr zur Schwindrißbildung neigen als gewöhnliche Normenzemente. Die Schnellerhärter schwinden ja nicht nur ruckartiger, sie zeigen, wie es die früheren Abbildungen verdeutlichten, auch geringere Kriechmaße. Beides aber muß unter sonst gleichen Bedingungen die Rißbildungsgefahr erhöhen. Dieser Zusammenhang bringt die Erklärung dafür, warum der Betonstraßenbau den gewöhnlichen Normenzementen den Vorzug vor den hochwertigen und höchstwertigen Bindemitteln gibt aus rein praktischen Erfahrungen heraus, wie es ja der 7. Internationale Straßenbaukongreß empfahl.

Auch bei Massenbauten, wo die Abkühlung des in der Abbindewärme erstarrten Betons zusätzliche Spannungen bringt, wird das Kriechen als Spannungsausgleicher begrüßt werden. Leider kann man diese angenehme Seite des Kriechens nicht auch in der Zugzone des Eisenbetonbaugliedes praktisch nutzbar machen, denn man kann schließlich nicht den Beton der Zugzone aus stark kriechendem, den Druckbeton aus wenig kriechendem Beton herstellen. Ja, selbst wenn man 2 Rezeptbetonmischungen bereithalten würde, wäre man in Verlegenheit, sie im Bereich der schiefen Hauptdruck- und Hauptzugspannungen entsprechend richtig zu verteilen. Der Eisenbeton wird wohl vorläufig im allgemeinen auf den wenigerkriechenden Beton lossteuern. Der Straßenbau, der Massenbetonbau, der Betonwasserbau, die Betonwarenerzeugung ihrerseits werden eher den starkkriechenden Beton bevorzugen.

Im ganzen wird die konstruktive Seite des Kriechproblems noch sehr viel Versuchsarbeit wie auch gründlicher Beobachtung ausgeführter Bauten bedürfen, während die mehr stofftechnischen Fragen dank der Forschungsarbeiten von Davis und Glanville heute schon weitestgehend beantwortet werden können.

Dort, wo das Kriechen des Betons unerwünscht ist, können nach den bisherigen Forschungsergebnissen empfohlen werden:

1. Wahl eines hochwertigen oder höchstwertigen Zements anstelle gewöhnlicher Normenzemente. Trotz meist höheren Schwindmaßes der hochwertigen Bindemittel bleiben die Gesamtformänderungen aus Schwinden plus Kriechen kleiner als bei den Betonen aus gewöhnlichen Zementen.
2. Verwendung einer relativ hohen Zementmenge je m^3 fertigen Betons. Trotz höheren Schwindmaßes fetterer Mischungen bleibt die Summe aus Schwinden und Kriechen kleiner als bei mageren Mischungen.
3. Verwendung von Zuschlagsstoffen mit möglichst guter Kornzusammensetzung (Tieflage der Sieblinie bzw. hoher Feinheitsmodul).
4. Nach Möglichkeit Wahl eines Zuschlagsgesteins, welches das Kriechen nicht begünstigt.
5. Tunlichst langer Schutz des Bauwerksbetons vor dem das Kriechen fördernden Austrocknen. Es ist anzunehmen, daß die im Herbst ausgeführten Bauwerke unter sonst gleichen Verhältnissen weniger kriechen als Frühjahrsbauwerke, weil erstere durch die Winterfeuchtigkeit in der Austrocknung zurückbleiben.
6. Möglichst späte Belastung des Betons, insbesondere Hinausschieben der Entschalung, soweit als möglich, damit die Dauerbelastung durch Eigengewichte möglichst spät einsetzt.
7. Wahl von Querschnittsabmessungen so, daß einerseits die Betonspannung möglichst nieder bleibt, andererseits die toten Lasten durch Eigengewicht beschränkt bleiben.
8. Anordnung entsprechender Bewehrungen, u. U. Druckbewehrung mit nicht zu knappem Querschnitt in Biegegliedern.

Bei solchen Bauteilen hingegen, denen das Kriechen des Betons zugute kommt, kann geraten sein, die Betonmischungen auf starkes Kriechen einzustellen. Dazu dienen vorläufig:

1. Wahl von Bindemitteln, welche recht langsam und stetig, vor allem ohne Ruckerscheinungen, erhärten.
2. Beschränkung des Bindemittelgehalts, soweit dem nicht andere Forderungen wie Festigkeitsrücksichten entgegenstehen.
3. Wahl von Zuschlagsstoffen mit etwas höher liegenden Sieblinien, als sie zur Herstellung hochdruckfester Betone empfohlen sind. Unter Umständen sind vorsichtige Kompromisse zwischen hochfesten und stark kriechenden Betonmischungen zu schließen.
4. Wahl von Zuschlagsgestein, welches das Kriechen begünstigt.

Der vorliegende Versuch einer kurzen Zusammenfassung der wichtigsten Ergebnisse der Kriechforschung beansprucht in keiner Weise, irgend etwas Abgeschlossenes und Vollständiges zu sein. Dasselbe gilt von den auswertenden Folgerungen, welche ebenfalls nur vorläufigen Charakter haben können. Es wollte hier lediglich die Richtung angedeutet sein, in der die Fragen und Antworten um das Kriechen des Betons liegen und nach welcher sie bisher namentlich im Auslande verfolgt worden sind.

Es wird Aufgabe der deutschen Forschung sein, nun für die wichtigsten Vertreter deutscher Bindemittel und die Haupttypen deutscher Betone hinsichtlich Mischungsverhältnis und zugelassener Grenzkornzusammensetzungen quantitative Werte für die Kriechmaße unter verschiedenen Bedingungen zu suchen, um weitere Anhaltspunkte dafür zu bekommen, wie stark kriechender Beton und wie wenig stark kriechender Beton praktisch herzustellen ist und wie etwa die Gesamtformänderungsmoduln anzusetzen sind. Dabei werden für den stark kriechenden Beton auch Unterlagen dafür zu schaffen sein, wie der erwähnte Kompromiß zwischen verschiedenen Forderungen richtig abzuschließen ist. Es ist zu hoffen, daß diese Untersuchungen auch dem Wesen und den Ursachen des Kriechens näher kommen werden, um schließlich den Hebel an der wirksamsten Stelle ansetzen zu können.

Alle solche Untersuchungen bedürfen aber des mehrfachs erwähnten Schlüssels und der Ergänzung durch genaue Beobachtungen und Messungen an ausgeführten Bauwerken. Die Mitarbeit der Konstrukteure nach dieser Richtung ist ungemein wichtig, wenn etwas Ganzes entstehen soll. Und wenn diese Darlegungen einen Impuls in dieser Richtung gegeben haben sollten, so wäre der Sache damit sehr gedient. Welche Daten aber bei solchen Bauwerksmessungen in stofflicher und physikalischer Hinsicht zu sammeln sind, damit die Mühen der Beobachtungen durch die spätere Möglichkeit einer Auswertung belohnt werden können, dafür möchten diese Ausführungen gleichzeitig einige Anhaltspunkte gegeben haben. (Lebhafter Beifall.)

Wichtigstes Schrifttum.

1. Hatt, Notes on the Effect of the Time Element in Loading Reinforced Concrete Beams. Proc. A. S. T. M., 1907, S. 421.
2. Mc Millan. Shrinkage and Time Effects in Reinforced Concrete Studies in Engeneering, Minnesotta, 1915, Bull. 3.
   Mc Millan, Flow of Concrete under Load. Proc. Am. Concrete Institute 1921, S. 161.
3. Time Tests of Concrete. A. H. Fuller and C. C. More. Proc. Am. Concrete Institute 1916, V. 12, S. 302.
4. Goldbeck and Smith. Tests of large Reinforced Concrete Slabs. Proc. Am. Concrete Institute 1916, V. 12, S. 324.
5. E. B. Smith. Flow of Concrete under Sustained Loads. Am. Concrete Institute 1916, V. 12, S. 302 und 1917, V. 13, S. 99.
6. A. R. Lord. Extensometer Readings in a Reinforced Concrete Building over an Period of one Year. Am Concrete Institute 1917, V 13, S. 45.
7. S. C. Hollister. Plasticity and Temperature Deformations in Concrete Structures. Proc. Am. Concrete Institute 1919, V. 15, S 127.
8. Plastic Yield, Shrinkage and other Problems and their Effect an Design. O. Faber, Min. of Proc Institute C. E. (Great Britain), V. 225, 1927, Teil I.
9. R. E. Davis, Flow of Concrete under Sustained Compressiv Stress. Journ. Am. Concrete Institute 1928, S. 303.
10. R. E. Davis and H. E. Davis. Flow of Concrete under Sustained Loads. Journ. Am. Concrete Institute 1931, S. 837.
11. W. H. Glanville. Studies in Reinforced Concrete. The Creep or Flow. of Concrete. Building Research. Technical Paper 12.
12. Prof. Graf. Beton und Eisen 1934, S. 167.
13. Gehler und Amos, Heft 78 des Deutschen Ausschusses für Eisenbeton.

Zeitgemäße Verwendungsgebiete und Gütesteigerung des Betonsteins
Von Dr.-Ing. A. Hummel[*]

Der Betonstein ist ein künstliches Konglomerat, das dadurch entsteht, daß in Körnerform bestimmter Kornzusammensetzung gegebene oder aufzubereitende Stoffe durch einen Zement verkittet werden. Stofflich besteht dieser Betonstein, der in der mannigfaltigsten Weise zu Betonwaren, Eisenbetonwaren, Betonwerksteinen verarbeitet wird, zu 75 bis 90 % aus zerkleinerten Naturgesteinen und 25 bis 10 % aus Zement, d. h. also aus Stoffen, welche für sich allein einen guten Ruf genießen und in Deutschland unbeschränkt verfügbar sind. Nur über ihre Zusammenfügung zu dem „künstlichen" Betonstein begegnet man noch gewissen Vorurteilen. Nachahmung des Natursteins hört man sagen und nicht selten aus demselben Kreise, der den Betonstein unter Hinweis auf die angeblich langweilige Farbe in jene Rolle zu drängen versucht hat. Solche Vorurteile kann man heute getrost übergehen. Der Betonstein will ja gar nicht nachahmen und braucht es auch gar nicht zu tun. Er hat stofflich seine Eigengesetzlichkeit, deren optimale Ausprägung ihm für alle Zeiten seinen Platz in der Technik sichert. Und die Bedeutung seiner Anwendung liegt auf einer ganz anderen Ebene als in der Nachahmung.

Wenn der Betonstein heute in den Tagen des neuausgerichteten Werkstoffeinsatzes eine besondere Rolle zu spielen berufen ist, so sind hierfür wesentlich zwei Umstände maßgebend:

1. Die stürmische Entwicklung auf dem Gebiete der Zementerzeugung und die großen Fortschritte der Wissenschaft und Praxis der Betonbildung.
2. Die besonders gelagerte Nachfrage gerade nach feuersicheren biegefesten Baugliedern aus nicht verknappten Baustoffen.

Die Entwicklung auf dem Gebiete der Zementerzeugung ist gekennzeichnet einerseits durch die erstaunliche Steigerung der Zementfestigkeit in den letzten 12 Jahren, andrerseits durch die Erhöhung der Gütegleichmäßigkeit der Zemente. Im Gefolge hiervon ergab sich neben einer Vergleichmäßigung der Betoneigenschaften die Möglichkeit der Erhöhung der Betonfestigkeit bis weit hinein in den Bereich vieler im Bauwesen hauptsächlich benützter Naturgesteine. Vor 20 Jahren noch galt der Gedanke der Erreichung der 1000er Grenze der Betondruckfestigkeit als ein kühner Traum. Heute sind wir im besten Zuge, diese Grenze weit zu überschreiten. Erreicht wird dieses Ziel nicht nur durch die Verwendung höchstwertiger Zemente und durch Wahl von ideal gekörnten Zuschlagsstoffen, sondern auch mit gewöhnlichen Zementen in Verbindung mit neueren Verdichtungsverfahren und besonderen Nachbehandlungsarten. Zugute gekommen ist dem Betonstein ferner die Entwicklung hinsichtlich der Erhöhung der Zugfestigkeit der Zemente und der Verringerung ihres Schwindmaßes, die im Zusammenhang mit dem Betonstraßenbau zu verzeichnen ist. Gerade für den Betonstein wichtig geworden ist schließlich noch die Herstellung weißen Portlandzements in Deutschland.

Zu den Fortschritten auf der Zementseite treten die Erkenntnisse auf dem Gebiete der zielsicheren Betonbildung, d. h. der Herstellung eines Betons von im voraus bekannten Eigenschaften. Bei zunehmender Anwendung synthetisch gekörnter Zuschlagstoffe und Berücksichtigung der Richtschnur des Wasserzementfaktors kann man den Betonstein heute auf dem Wege über die Betonzusammensetzung so beeinflussen, daß nahezu jede beliebige technische Eigenschaft erreicht wird. Der Beton kann heute bewußt hochdruckfest, hochverschleißfest hergestellt, aber auch je nach dem Verwendungszweck auf mittlere Grade dieser Eigenschaften eingestellt werden. Noch immer ist sehr wenig bekannt, daß die Hartbeläge aus Beton mit

---
[*] Vortrag, gehalten auf der Herbst-Baumessetagung in Leipzig.

Verschleißziffern von 0,01 cm³/cm² weit verschleißfester als viele Hartgesteine sind (z. B. Basalt mittlere Abnutzung 0,06 cm³/cm²). Der Beton kann heute sehr dicht und schwer (Rütteln, Pressen, Rütteln plus Pressen), aber auch sehr leicht und hochporös (Wahl von Zuschlägen mit Korneigenporosität, Haufwerksporosität oder beides zusammen) ausgebildet werden, wodurch er wärmedämmende Eigenschaften erlangt. Wenn es vor einer neuzeitlich technischen Gesinnung nicht mehr als Verdienst gilt, einen Bauteil, dessen Stofffestigkeit nur 200 kg/cm² zu sein braucht, aus einem Werkstoff von 500 bis 700 kg/cm² Festigkeit zu gestalten, ebensowenig wie der umgekehrte Fall verdienstlich ist, so muß wohl oder übel ein Baustoff gebührend berücksichtigt werden, der von Fall zu Fall auf die eine Festigkeit so gut wie auf die andere Festigkeit eingestellt werden kann. Diese **mit der Zusammensetzung hochgradig beeinflußbare und damit vielseitige Natur des Betonsteins teilen mit ihm nur wenige Baustoffe.** Diese weitgehende Einstellbarkeit muß geachtet und genutzt werden als die **eine** Stärke des Betonsteins. Die Gewähr für eine immer sicherere Übertragung der Erkenntnisse der Forschung in den Alltag des Betonierens ist durch den Umstand heute erleichtert, daß das Betonieren in jüngster Zeit bekanntlich zum Handwerk erhoben worden ist. Im Ringen um die Rohstoffausnützung nicht unerheblich ist der Faktor, daß der fast ohne Abfall herstellbare Betonstein einen geradezu vorbildlich ökonomischen Werkstoff darstellt.

Als steinartiges Material ist der Betonstein wie auch der Naturstein in erster Linie druckfest; die Biegezugfestigkeit bzw. Zugfestigkeit tritt zurück. Wo daher im Laufe der Baugeschichte Natursteine in stoffgerechter Weise verwendet wurden, sind solche Konstruktionen entwickelt worden, bei denen dem Steine vornehmlich nur Druckspannungen zuge-

1. Betonrohr-Lager in einem Betonwerk

2. Betonrohre nach 25jähriger Verwendung

3. Betonrohr-Prüfraum eines Betonwerks

wiesen wurden. Biegeglieder sind dem Steine wesensfremd. Nicht immer ist danach gehandelt worden. Die Spätgotik hat schwer dagegen verstoßen. Aber auch heute sehen wir wieder Bauten entstehen, bei denen weitausladende Konsolen in

4.

6. **Rohrschleuderform mit eingebrachten Bewehrungseisen**

Naturstein ausgebildet sind, die bereits jetzt schon herunterfallen, obgleich das Gestein selbst vollkommen gesund zu nennen ist.

Hier nun zeigt der Betonstein seine **zweite Stärke**. Seine Herstellungsweise gestattet es, ihn

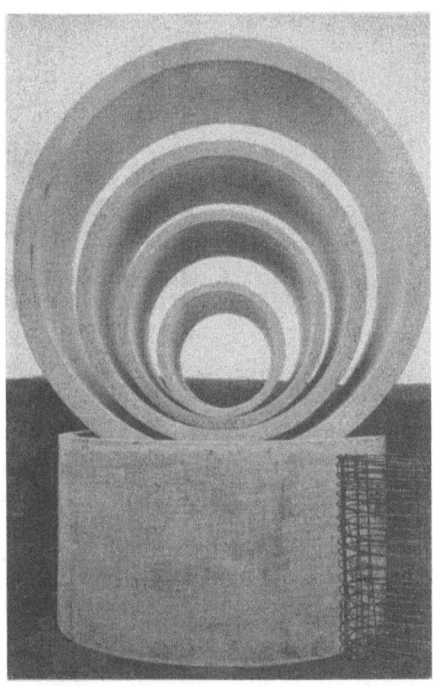

5. **Bewehrte Betonrohre**

wie Eisenbeton mit Eisen zu bewehren und daher nach der Eisenbetontheorie zu berechnen. **Damit rückt er in die Reihe der Baustoffe, welche zu Biegegliedern wesensgemäß herangezogen werden können.**

Das Feld der Biegeglieder beherrschen lange Holz und Eisen. Ihre Verknappung in Verbindung mit den Bestrebungen, in Rücksicht auf die Belange des erhöhten Feuer- und Luftschutzes den Holzbau tunlichst durch den Massivbau zu ersetzen, geben dem bewehrten Betonstein wie dem Eisenbeton heute eine Art Schlüsselstellung. In Ansehung der besonderen Befähigung des Betonsteins zum Baustoff für Biegeglieder ist es ja nur natürlich, daß bereits eine Fülle der verschiedensten Betonwaren des Hoch- und Tiefbaues entwickelt worden sind, welche die Funktionen von Biegegliedern übernehmen. Bereits die Erfinder bzw. Vorläufer des Eisenbetons haben vor 70 bis 80 Jahren gerade diese Befähigung ausgenützt, Lambot, als er sein bewehrtes Boot baute, Monier, als er seine bekannten Blumenkübel herstellte, wenn diese Dinge auch noch nicht als schulgerechter Eisenbeton gelten dürfen. Bei der im Zusammenhang mit unseren Rohstofffragen aufgetretenen Besinnung auf Baustoffe für Biegeglieder wird man jedenfalls ganz natürlich auf den bewehrten Betonstein hingelenkt, dessen Wesen man nur anzudeuten braucht, um seine Bedeutung zu kennzeichnen.

Die zahlreichen Einzelgebiete erschöpfend zu beschreiben, auf denen der Betonstein, bewehrt oder unbewehrt, seine zeitgemäße Verwendung im einzelnen findet, verbietet der Raum. Mehr grundsätzlich sollen die Möglichkeiten angedeutet und nur durch Stichproben belegt werden. Die Übertragung der Beispiele auf nutztechnisch oder statisch ähnliche gelagerte weitere Fälle bietet keine Schwierigkeiten.

Es sei mit den **unbewehrten Rohren** begonnen (Abb. 1). Sie sind durch Din 1201 genormt. Abb. 2 zeigt ein Beispiel für das Verhalten solcher Rohre. Dank einer guten Werküberwachung (Abb. 3) sind die Normen-Mindestfestigkeiten durch die am Markt befindlichen Erzeugnisse so weit

7. **Luftschutzkeller aus Schleuderbetonrohr**

überschritten, daß die Normenzahlen heute ruhig erhöht werden können. Der Gütedurchschnitt unbewehrter Rohre läßt sich weiterhin erhöhen, wenn die Gepflogenheit sofortiger Entschalung, welche gerne zur Verwendung eines reichlich trockenen Betons verführt, aufgegeben und mehr zur Verwendung des schwachplastischen Betons gegriffen wird. Schwachplastischer Beton ergibt, wie Abb. 4 belegt, bei gewöhnlicher Verdichtung praktisch den dichtesten Beton. Die schwachplastische Frischbetonsteife vermeidet auch sicher das sogenannte „Verdursten" des Betons, das häufig Anlaß zu Undichtigkeiten eines sonst gut zusammengesetzten Betons gibt und bei Rohren zu Auslaugungen führen kann.

Die bewehrten Rohre (Abb. 5) werden als gestampfte, vibrierte oder auch geschleuderte Rohre (Abb. 6) in Abmessungen bis zu 2,00 m Lichtweite hergestellt. Sie treten an die Stelle eiserner Druckrohrleitungen und ergeben bei Rohren von z. B. 80 bis 120 cm Lichtweite je nach Bewehrungsziffer eine Eisenersparnis von 73 bis 92 %. Eine neuartige Verwendung des Schleuderbetonrohres zu einem Luftschutzkeller zeigt Abb. 7. Neben dem Schleuderverfahren eröffnet die neue Rüttel-Preß-Verdichtung die Möglichkeit einer weiteren Gütesteigerung der Rohrerzeugnisse. Schleuderbetonrohre sollen in Frankreich einen ernsten Konkurrenten in den nach dem sogenannten Freyssinet-Verfahren hergestellten Spannbeton-Rohren mit einer thermischen Nachbehandlung zur Beschleunigung der Verfestigung erhalten haben.

Ein vom Straßenbild vieler deutscher Städte her bekanntes Anwendungsfeld für den bewehrten Betonstein bildet der Mast. Einige Lichtmaste, Freileitungsmaste, Straßenbahnmaste zeigen die Abb. 8, 9 und 10. Die Maste werden gestampft, gegossen, besser aber vibriert oder geschleudert. Ihre

8. Lichtmaste   **9. Straßenbahnleitungsmast**   **10. 60 KV.-Leitungsmast**

Oberfläche wird gestockt, scharriert, gelegentlich sogar poliert. Die Eisenersparnis ist durchschnittlich größer noch als bei den Schleuderbetonrohren. Zum Ersatz der verknappten Eisenmaste, namentlich durch Schleuderbetonmaste, wird man sich um so leichter entschließen können, als sich ästhetisch hervorragende Lösungen solcher Maste auf dem Markte befinden.

Zur Verhinderung der Fäulnisbildung bei Holzmasten werden vielfach Mastfüße aus Profileisen angeordnet. Hierfür können eisensparende Zangen oder Rohre aus Eisenbeton eingesetzt werden. Eisenbeton-Mastfüße bieten nicht nur ein gefälligeres Bild als Profileisen, sondern bedürfen außerdem kaum einer Unterhaltung. Im Zusammenhang mit den Masten sind auch die Verkehrszeichen, schließlich auch die Plakatsäulen zu nennen, die zur Metalleinsparung in Betonstein hergestellt werden (Abb. 11).

An die nicht wegzudenkende Rolle, welche die fertigen Eisenbeton-Pfähle bei den Gründungen spielen, braucht nur erinnert zu werden. Wenn bereits die hochwertigen und höchstwertigen Zemente die Neuerung mit sich brachten, daß die Pfähle bereits nach wenigen Tagen gerammt werden können, so bieten neuerdings Rüttelbeton und Rüttelpreßbeton neben den Schleuderbetonpfählen weitere Möglichkeiten zur Gütesteigerung. Abb. 12 gibt ein Beispiel für die Anwendung von Schleuderbetonpfählen bei der Herstellung von Seezeichen

11. Plakatsäule in Betonstein

wieder, welches belegt, daß man bei Schleuderbeton selbst im Meerwasser keine Sorge hegt.

Die eiserne Spundwand hat einen eisensparenden Bruder in der Eisenbetonspundwand. Eine der Larrssen-Spundwand I mit 19 cm Stärke und einem Gewicht von 100 kg/m² gleichwertige **Eisenbetonspundwand** erfordert etwa 60 kg/m², d. h. nur 60 % Eisen. Abb. 13 zeigt ein Spundbohlenlager, im Hintergrund eine bereits versetzt gewesene, wiedergezogene Bohle, welche sich ohne Rißbildung gebogen hat, ein Beweis für die günstige plastische Verformbarkeit der Bohlen.

13. Eisenbetonspundwandbohlen

12. Eisenbetonpfähle (Schleuderbeton für Leuchtfeuerunterbau)

Ein naturgemäß mit Vorsicht betretenes Gebiet ist das der Gleisschwellen, bei denen wir die Quer- und die Längsschwellen unterscheiden. Bei den Querschwellen sieht Reichsbahnrat Deischl in der dreiteiligen Beton-Eisen-Querschwelle nach Hochreiter (vgl. Abb. 14) vorläufig die beste Lösung. Mit 32,7 kg Eisen benötigt sie etwa halb soviel Eisen wie die gewöhnliche Eisenschwelle. Weiteres hierüber siehe Zement 1936 Heft 26. Längsschwellen

zu können, dem örtlich hergestellten Eisenbeton gegenüber den Vorteil sofortiger Belastbarkeit. Im übrigen können sie bei entsprechender steinmetzmäßiger Behandlung unverputztes Architekturglied bilden. Fenstergesimsstücke aus Betonstein helfen die im Putzbau bekannten, wenig schönen Zinkblechverwahrungen vermeiden. Es war oben von herabfallenden Natursteinkonsolen die Rede. Diese womöglich durch Fuge vom Baukörper getrennten, aber formal wie ein belastetes Glied gestalteten Bauteile sind dem statischen Denkenden immer zuwider gewesen. Wo auf das Motiv der Konsole nicht verzichtet wird und doch in Stein gebaut werden soll, hat nur der bewehrte Betonstein Berechtigung; er kann als architektonisches u n d   z u g l e i c h tragendes, und zwar als Biegeglied tragendes Bauglied dienen.

Die bewehrte Treppenstufe, die durch

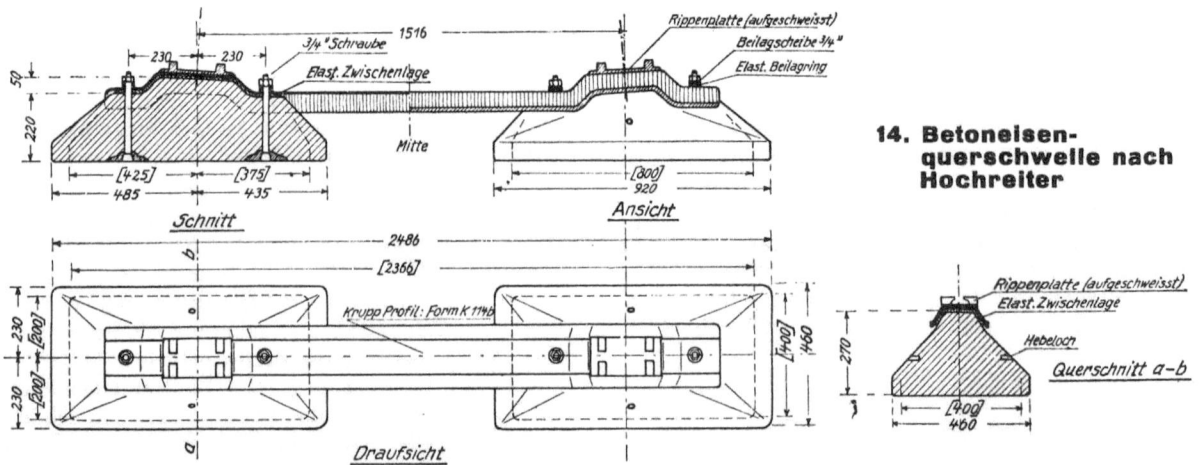

14. Betoneisenquerschwelle nach Hochreiter

sind auf Rollfeldern in den letzten Jahren in großem Ausmaße verwendet worden, selbstverständlich bei scharfer Überwachung der Betonzusammensetzung und Tragfähigkeit. Sie sind dabei auch der oftmals wiederholten Belastung unterzogen und günstig beurteilt worden. Vergleiche Zement 1937 Heft 1—3.

Wir kommen zu einigen Gebieten des Hochbaues. Es stehen fertige Türen- und Fensterstürze aus bewehrtem Betonstein bereit, an die Stelle eiserner wie hölzerner Träger bzw. Balken zu treten. Dem Eisen und Holz gegenüber haben sie den Vorzug, unmittelbar als Putzträger dienen

DIN 489 normiert ist, findet sich in den vielseitigsten Ausführungen auf dem Markte. Sie vereinigt mit dem Vorzuge, in beliebigen Abmessungen bei ökonomischem Stoffverbrauch herstellbar zu sein, die andere wichtige Eigenschaft höchster Feuersicherheit. In Verbindung mit den neueren Hartbetonbelägen gehört sie zudem zu den verschleißfestesten Treppenausführungen. Sie findet zeitgemäße Anwendung im Sinne verbesserten Feuer- und Luftschutzes.

Die Massivdecke des Hochbaues kann aus Raumersparnisgründen wohl niemals wieder als Drucklinien-Steingewölbe ausgebildet werden. Auch die preußischen Kappen zwischen gemauerten Gurtbögen können bestenfalls über den Gängen öffentlicher Gebäude noch in Frage kommen. Die e b e n e Decke muß bleiben. Ihre massive Ausbildung ist nach Verknappung der Eisenträger auf die Eisenbetondecke, die Eisenbeton-Balkendecke oder die Steineisendecke angewiesen. Bei den Eisenbeton-Hohlsteindecken tragen nicht nur die Ziegelhohlsteine (Ackermannsteine und dgl.), sondern

15. Betonhohldielen mit Stelzung

auch die zahlreichen Arten von Beton- und Leichtbeton-Deckenhohlsteinen (Remysteine, Schlackenbetonsteine und dgl.) zur Ersparnis von Holzschalungen bei. Den örtlich hergestellten Eisenbetondecken und Eisenbeton-Hohlsteindecken gegenüber weisen die D e c k e n a u s E i s e n b e t o n - F e r t i g b a l k e n den Vorzug auf, weitgehend Trockenbauweise zu sein. Weitere Vorzüge sind: Ersparnis von Schalung und Rüstung, Unabhängigkeit von der Witterung bei der Herstellung, Erhöhung der Güte und Gleichmäßigkeit durch fabrikmäßige Herstellung, sofortige Benutzbarkeit. Genannt seien unter den Decken aus Eisenbeton-Fertigteilen: Stegzementdielen (Abb. 15), Siegwarthbalken (Abb. 16), T-Balken (Abb. 17), Visintini-Decken für größere Spannweiten. Die für Decken

16. Siegwarthbalken

aus Eisenbeton-Fertigbalken nötige Eisenmenge beträgt durchschnittlich nur etwa 25 bis 30 % derjenigen Eisenmenge, die für eine übliche Decke mit Eisenträgern erforderlich ist. Eisenlose Steindecken kommen nur für ganz geringe Spannweiten in Betracht; luftschutztechnisch sind sie aber in keinem Falle ideal.

An die Stelle von Holz, Eisen und Eisenblech tritt der Betonstein erfolgreich beim Bau von Garagen, Futtersilos, Gewächshäusern, Frühbeetkästen

17. Betonbalken
Verlegung der Deckenbalken

(Abb. 18). Bei den letzteren wird ihre Unempfindlichkeit gegenüber Schwitzwasserbildung hervorgehoben. Der Wegfall von Anstrichen bei den Betonsteinerzeugnissen gegenüber solchen aus Holz und Eisen ist angesichts der gebotenen Beschränkungen bei gewissen Anstrichmitteln nicht unwichtig.

Die Entwicklung des B e t o n h o h l s t e i n s zur Errichtung von Wänden im Wohnhausbau ist dahin abgeschlossen, daß solche Hohlsteine bevorzugt werden, die in der Wand keine hohen, kaminartigen Luftsäulen ergeben; die kaminartigen Hohlräume begünstigen durch Luftumwälzung die Schwitzwasserbildung. Eine gewisse Änderung ist noch dahingehend zu erwarten, daß die Dicke der inneren Schale der Hohlsteine festgelegt werden wird. Diese Schalen werden vielfach zu dünn bemessen, so daß sie beim Verlegen von Hausleitungen unter Putz oft restlos durchgestemmt werden, ein bedenklicher Vorgang. Im übrigen wird heute die aus fertigen Steinen bzw. Hohlsteinen aufgemauerte Wand fast allgemein der örtlich geschütteten oder gegossenen, monolithischen Wand vorgezogen, ist doch, abgesehen von der Schalungsersparnis, die Ansicht Allgemeingut geworden, nicht mehr Wasser in die Baukörper hineinzutragen, als es unbedingt erforderlich ist (Ziel: Trockenbauweise).

In stofflicher Hinsicht haben die Wand- und Deckenhohlsteine wie Vollsteine eine Vermehrung ihrer Zahl dadurch erfahren, daß die Zahl der Leichtbetone selbst sich vermehrt hat. Praktisch zu erproben bleibt noch der von mir vor Jahren vorgeschlagene E i n k o r n b e t o n. Weiteres hierüber vergleiche Betonstein-Zeitung 1937, Heft 3. Dieser Einkornbeton kommt aber nicht nur für den Wohnhausbau in Frage, sondern auch zur Herstellung von Dränrohren und für Bodenentwässerungen. Gerade dieser Tage ging die Nachricht durch die Fachpresse, daß Dränrohre aus porösem Beton auch in Amerika praktisch erprobt sind. Zwar werden namentlich weiche und kalkarme Wässer den Kalk des Zements nach und nach herauslösen. Jedoch scheint die dadurch bedingte Vergrößerung der Porosität praktisch wieder durch die Verschmutzung wettgemacht zu werden.

Ein weites Feld der Anwendung findet der Betonstein bei Einfriedigungen. Hier lasse man sich in keinem Falle in seinem Urteil durch den Umstand beeinflussen, daß manchmal dünne bewehrte Betonpfosten durch Rostbildung der Eisen zersprengt sind. Wie bei den Betonrohren werden leider auch hier aus Gründen sofortiger Entschalbarkeit die Betone oft so trocken verarbeitet, daß sie stark wassersaugend bleiben und keinen hinreichenden Rostschutz bieten. Dies sind durch Anwendung schwachplastischer Betone leicht zu vermeidende Fehlausführungen, die nicht zum Maßstab richtig ausgeführter Erzeugnisse genommen werden dürfen. Überhaupt lassen sich ganz allgemein auf dem sehr einfachen Wege über die richtig gewählte Frischbetonsteife Stampffugen und Nester, starke Wasseraufnahme und Wasseraufsaugefähigkeit, mangelnder Rostschutz und dgl. vermeiden.

18. Gewächshäuser u. Frühbeetkästen

Weitere derzeit wichtige Anwendungsgebiete für den Betonstein sind schließlich noch Kamintrommeln, Kamintüren, Kaminaufsätze (Abb. 19), Kanal- und Grubenabdeckungen, Kabelformstücke, Spülsteine (Abb. 20), Aschen- und Müllkästen, Badewannen, Waschkessel (Abb. 21), Bordsteine (DIN 483), Fußbodenplatten, Gehwegplatten (DIN 485), Wandplatten. Wenn man bei diesen letzteren Erzeugnissen nicht immer sondiert, inwiefern sie Naturstein nachahmen, sondern wieweit ihrer Eigengesetzlichkeit nach Aufbau und Oberflächenbehandlung gefolgt worden ist, so wird man das richtige Verhältnis zu ihnen gewinnen und beachtliche Lösungen vorfinden. Aeußerst zeitgemäß ist die Verwendung von Betonplatten zu Radfahrwegen, wozu die günstigen Erfahrungen einiger Städte besonders ermutigen.

Wie schon angedeutet, ist ein großer Teil der Betonsteinerzeugnisse bereits genormt oder durch Lieferungs- bzw. Prüfungsvorschriften festgelegt, so daß über ihre Mindestgüte Klarheit herrscht. Eine

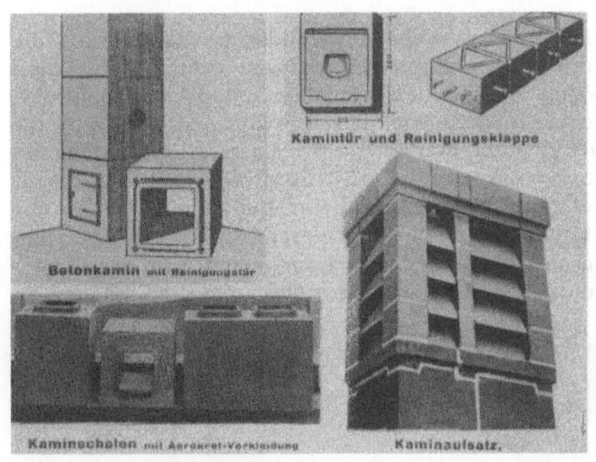

19. Kaminaufsätze

weitere Ausdehnung des Normungswerks ist in Vorbereitung. Hierbei wird angestrebt, nicht nur für die fertigen Erzeugnisse, sondern auch für die zu wählenden Stoffe, Betonzusammensetzungen und Gesteinskörnungen Richtlinien aufzustellen, so daß unzweckmäßige Zusammensetzungen von vornherein ausgeschlossen sind. Das Vorbild der im Eisenbeton- und Straßenbau im letzten Jahrzehnt zu großer Vollkommenheit entwickelten Verfahren der Betonüberwachung hat seine Wirkung auf die Werkkontrolle der Betonsteinerzeugnisse nicht verfehlt.

Das Verhalten des Betonsteins gegenüber physikalischen Einflüssen darf als geklärt gelten. Nach Heft 57 des Deutsch. Ausschusses für Eisenbeton sind Betone mit einer Druckfestigkeit von 150 kg/cm² und mehr als frostbeständig anzusprechen. Eine Druckfestigkeit von 150 kg/cm² aber ist beim Betonstein spielend zu erreichen, so daß er, gemessen am Frostversuch des wassergesättigten Betons, als frostbeständig gelten muß. Örtliche Auswitterungen sind in dem Maße zu vermeiden, als durch richtige Wahl der Frischbetonsteife im oben angedeuteten Sinne die Entstehung von Nestern, Anschlußfugen, porösen Stellen unterbunden wird. Der Betonstein muß und soll den Nachteil der natürlichen Sedimentgesteine, geschichtet zu sein, vermeiden. Der Betonwerker muß seinen Stolz darein setzen, einen homogenen bzw. isotropen Betonstein zu schaffen, d. h. einen solchen, der nach allen drei Richtungen im Raume gleiche Festigkeiten aufweist, was er ja wie gesagt durch richtige Wahl der Frischbetonsteife so leicht in der Hand hat.

In chemischer Hinsicht hat der Beton-

20. Spülsteine

21. Betonwaschkessel

stein seine Feinde wie jeder andere Baustoff. Es sind dies im wesentlichen alle Säuren, und gewisse Salzlösungen der Sulfate und einiger Chloride. Während die Säuren eine Art Auflösung bzw. Auslaugung von außen her herbeiführen, bewirken namentlich die Sulfate Treiberscheinungen, die um so heimtückischer sind, als sie nicht von allem Anfang an sichtbar sind wie die sauren Angriffe, sondern erst dann und ganz plötzlich in Erscheinung treten, wenn die sprengende innere Kraft die Materialzugfestigkeit überwunden hat. Es gehört selbstverständlich zu einer zeitgemäßen Verwendung des Betonsteins, daß er nur dort eingesetzt wird, wo solche Feinde nicht auftreten oder durch entsprechende Schutzvorkehrungen abgewehrt werden können. Praktisch bedeutet dies, daß es notwendig ist, feuchte Böden und Grundwässer, mit denen der Betonstein etwa in Berührung kommen kann, auf Betonunschädlichkeit hin zu überprüfen. Die Folgen des Versäumnisses, die nachmalige Umwelt des Betonsteins einer chemischen Vorprüfung zu unterziehen, dürfen jedenfalls unter keinen Umständen dem Betonstein zur Last gelegt werden.

Z u s a m m e n f a s s e n d ist zu sagen: Die Stärke des Betonsteins erblicken wir einerseits in seiner auf dem Wege über die Zusammensetzung bei größter Sparsamkeit möglichen Einstellbarkeit auf viele technische Forderungen, andrerseits in seiner Befähigung zur eisenbetonmäßigen Ausbildung. Das erstere eröffnet ihm die Anwendung auf den allerverschiedensten Gebieten der Technik, das letztere macht ihn an Stelle des Eisens einsatzbereit auf dem großen Gebiete der massiven und zugleich biegesicheren Baukonstruktionen.

TRAGFÄHIGKEIT VON IN BETONKLÖTZEN VERANKERTEN DICKEN RUNDEISEN.

Von Dr.-Ing. **G. Grüning**, Berlin.

(Mitteilung aus dem Staatlichen Materialprüfungsamt Berlin-Dahlem.)

Übersicht: Durch drei große Versuche wird nachgewiesen, daß es möglich ist, 60 mm dicke Rundeisen allein mit Konstruktionselementen des Eisenbetonbaues im Beton ausreichend sicher zu verankern.

I. Versuchszweck.

In den letzten Jahren waren eine Reihe von weitgespannten Eisenbetonbogen- oder Rahmenhallen errichtet worden, bei denen der auftretende Horizontalschub durch kräftige Rundeisen aufgenommen wurde, die meistens in dem Fußboden verlegt waren. Die Einbindelänge, die für die Einführung dieser Rundeisen in den Beton des Tragwerkes zur Verfügung stand, war häufig verhältnismäßig kurz und genügte nicht nach den Bestimmungen des Deutschen Ausschusses für Eisenbeton. Infolgedessen erwies es sich als zweckmäßig, eingehende Versuche über die Tragfähigkeit der Endhaken einbetonierter starker Rundeisen vorzunehmen, um derart festzustellen, wie weit der Haken für die Aufnahme der zu übertragende Zugkräfte herangezogen werden konnte.

Die Versuche wurden von dem Reichsluftfahrtministerium angeregt; die Versuchskörper wurden von der Beton- und Monierbau-A.-G. entworfen und hergestellt. Die Durchführung der Versuche erfolgte durch das Staatliche Materialprüfungsamt Berlin-Dahlem.

II. Beschreibung der Versuchskörper.

Die Versuchskörper sind in Abb. 1 u. 2 dargestellt. Sie bestanden aus zwei Rundeisen ⌀ 60 mm in St 37, die rechts und links in je einem Eisenbetonkörper verankert sind. Der lichte Abstand zwischen den Eisenbetonkörpern betrug 40 cm. Zwischen die Körper wurden vier Pressen gesetzt, die diese auseinanderdrücken und gegebenenfalls die Rundeisen herausziehen sollten.

Die Körper I und II waren ziemlich gleich ausgebildet; die Einbettungslänge der Rundeisen bis zu den Haken betrug etwa 170 cm. Im linken Widerlager hatte jedes Rundeisen einen Haken mit 15 cm lichtem Durchmesser entsprechend den Eisenbetonbestimmungen. Die Haken waren mit einer Spiralbewehrung umschnürt; außerdem war der ganze Eisenbetonkörper reichlich mit Bügeln bewehrt. Im rechten Widerlager waren beide Rundeisen in einem Bogen von 30 cm Lichtdurchmesser zu einem Eisen zusammengeführt. Der Bogen war nicht mit einer Spirale, sondern nur mit Bügeln bewehrt. Der Unterschied zwischen den Körpern I und II bestand lediglich darin, daß im linken Widerlager die Haken beim Körper I nach innen und beim Körper II nach außen angeordnet waren.

Der Körper III war wesentlich kürzer als die beiden anderen Körper. Die Einbettungslänge der Rundeisen bis zu den Haken betrug nur etwa 120 cm. Auf beiden Widerlagern waren die Eisen mit Haken von 27 cm Lichtdurchmesser versehen, die durch Spiralen umschnürt waren. Der Betonkörper war außerdem wieder reichlich mit Bügeln bewehrt.

Die Abb. 3, 4 und 5 geben Lichtbilder wieder, die von den Bewehrungen der drei Proben gemacht wurden.

III. Ergebnisse der Materialuntersuchungen.

Von den 60 mm dicken Rundeisen aus St 37 wurde ein Reststück im Zugversuch untersucht. Es wurde ein Elastizitätsmodul von 2 060 000 kg/cm² und eine Streckgrenze von 2620 kg/cm² festgestellt. Die Zugfestigkeit wurde an dieser Probe nicht bestimmt, da die Prüfung um Kosten zu ersparen in einer 100 t-Maschine erfolgte, die Zerreißkraft des Stabes aber größer als 100 t war.

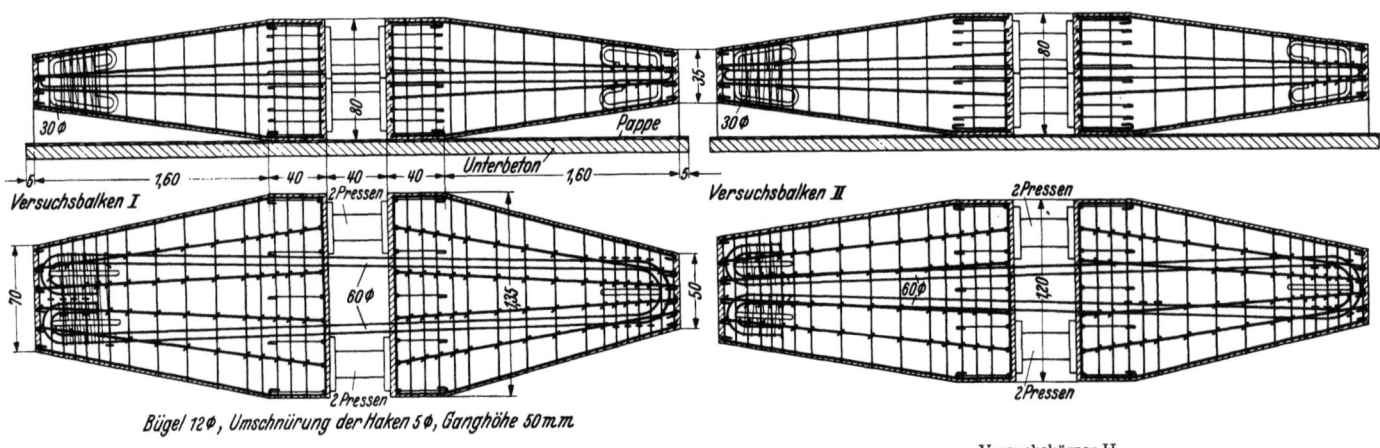

Abb. 1. Ausbildung der Versuchskörper I und II.

Nachdem bei den Hauptversuchen beim Probekörper III ein Bruch in einem Rundeisen eingetreten war, gewann die Frage nach der Zugfestigkeit der Rundeisen Bedeutung. Es wurden deshalb aus dem Rundeisen des Versuchs III zwei Stäbe entnommen, deren Zugfestigkeit

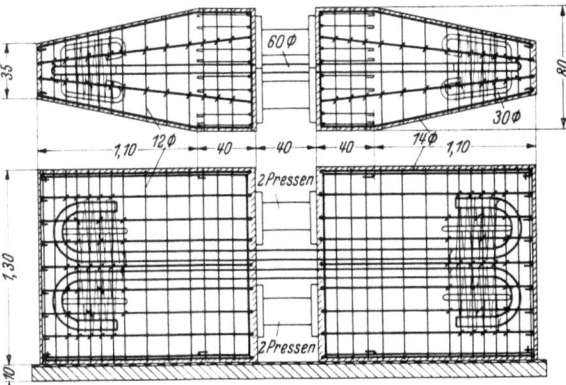

Abb. 2. Ausbildung des Versuchskörpers III.

Abb. 3. Bewehrung des Versuchskörpers I.

Abb. 4. Bewehrung des Versuchskörpers II.

zu 5020 bzw. 5000 kg/cm² festgestellt wurde. Das Ergebnis des Zerreißversuchs ist jedoch insofern nicht ganz einwandfrei, als der Zerreißversuch sieben Wochen nach dem Abschluß der Prüfung des Körpers III erfolgte, bei der die Rundeisen weitgehend gereckt waren, so daß mit Verfestigung durch Reckung und Alterung zu rechnen ist.

Zur Feststellung der anfänglichen Zugfestigkeit wurde deshalb an einem im Zugversuch noch nicht verformten Rundeisenstück die Härte an verschiedenen Stellen eines Querschnittes durch Kugeldruckversuche bestimmt. Das Ergebnis ist in Zahlentafel 1 enthalten.

Zahlentafel 1.

Messung	H 10/3000/30 nach DIN 1603 Bl. 3	Zugfestigkeit (näherungsweise) = H · 36 kg/cm²
1	121	4400
2	122	4400
3	126	4500
4	122	4400
5	123	4400
6	126	4500
7	126	4500
8	126	4500
9	126	4500

Die Zugfestigkeit der Rundeisen kann danach zu etwa 4500 kg/cm² angesetzt werden.

Die Herstellung von Betongemischen zur Fertigung der Eisenbetonversuchskörper erfolgte am 22. November 1935 auf dem Lagerplatz der Beton- und Monierbau-A.-G. Es ergab sich folgende Zusammensetzung des Betons:

1 Rtl. höherwert. Portl.-Zement Marke Adlerstolz
+ 1 „ Kiessand (= 1 Gwtl.)
+ 0,5 „ Basaltsplitt 3 bis 7 mm (= 0,45 Gwtl.)
+ 0,7 „ „ 7 „ 15 mm (= 0,63 Gwtl.)
+ 0,7 „ „ 7 „ 25 mm (= 0,70 Gwtl.)

Gesamtwassergehalt: 10% (durch Abdampfen ermittelt).

Steife des Betons: weich.

Kornzusammensetzung des Gesamtzuschlags: vgl. Sieblinie D der Abb. 6.

Mischen des Betons: In Mischmaschine Bauart Kaiser.

Einbringen des Betons: Der Beton wurde schichtenweise in die Schalung, die vorher angenäßt worden war, eingebracht. Das Verdichten des Betons geschah durch Stochern mit Holzlatten.

Festigkeit: Aus der Betonmischung wurden vier Würfel von 20 cm Kantenlänge nach den Bestimmungen des Deutschen Ausschusses für Eisenbeton hergestellt und je zwei nach 7 und 28 Tagen Alter gemäß den vorgenannten Bestimmungen auf Druckfestigkeit untersucht. Die Prüfung ergab:

Versuch Nr.	Tag der Prüfung	Alter der Würfel Tage	Druckfestigkeit kg/cm²	
1	29. 11. 1935	7	537 577	557
3 4	20. 12. 1935	28	686 677	682

nung durch unvermeidbare Unregelmäßigkeiten die Pressen außermittigen Druck bekommen konnten, der einen unkontrollierbaren Reibungsverlust in den Pressen bedeutet hätte. Die Kraft wurde deshalb bis zur Erreichung der Proportionalitätsgrenze in den Rundeisen durch Dehnungsmessungen an den Rundeisen mit Huggenberger Tensometern bestimmt. Eine Anordnung der Meßgeräte zeigt Abb. 7. Hierzu war der Elastizitätsmodul der Rundeisen im Zugversuch zu 2 060 000 kg/cm² bestimmt worden. Bei Lasten oberhalb der Proportionalitätsgrenze wurde dann die Kraft aus der Anzeige des den Pressen angeschlossenen Manometers bestimmt, wobei auf Grund der Vergleichsmessungen angenommen werden konnte, daß der Reibungsverlust der Pressen von da ab immer so groß gewesen ist wie beim Erreichen der P-Grenze in den Rundeisen.

Abb. 5. Bewehrung des Versuchskörpers III.

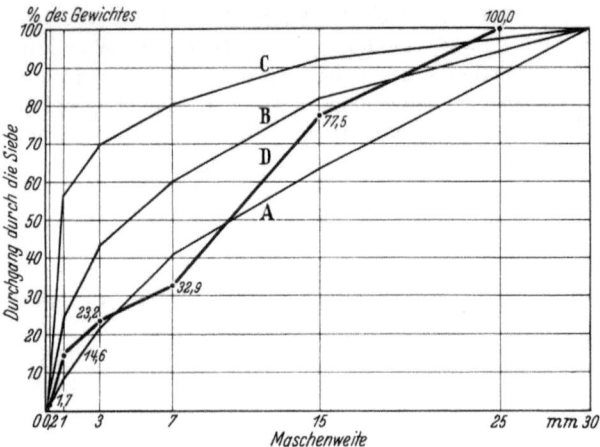

Abb. 6. Siebkurve der Zuschlagstoffe. Geprüfter Zuschlagstoff: Siebkurve D; Gebiet zulässiger Kornzusammensetzung zwischen A und C Gebiet zulässiger Kornzusammensetzung zwischen A und B.

IV. Bestimmung der durch die Pressen ausgeübten Kräfte.

Die Kraftbestimmung bei diesen Versuchen war besonders schwierig. Eine Eichung der Preßköpfe allein hätte nicht genügt, da bei der gewählten Versuchsanord-

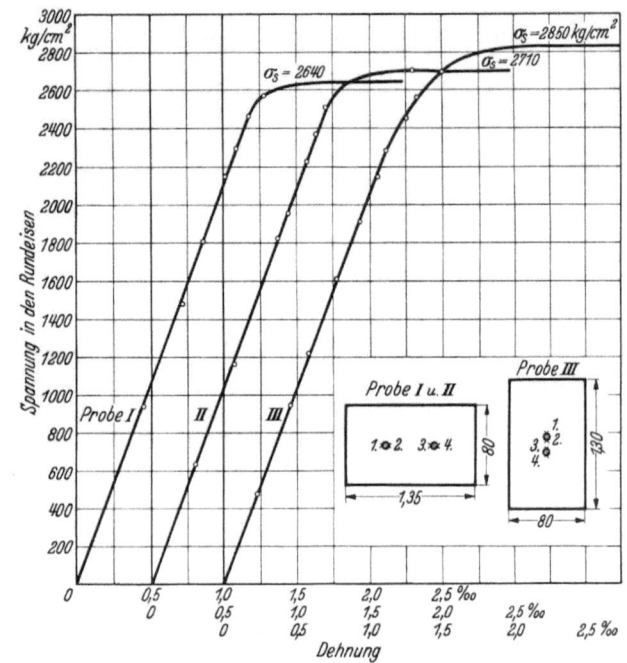

Abb. 8. Ergebnis der Dehnungsmessungen an den Rundeisen. (Die angegebenen Werte sind aus mindestens vier Einzelmessungen gemittelt.)

V. Versuchsdurchführung.

Die Hauptversuche wurden am 4., 5. und 6. Dezember 1935 durchgeführt. Der Beton hatte dabei nur ein Alter von 12—14 Tagen. Die Versuche sollten zunächst nur bis zur Erreichung der Streckgrenze in den Rundeisen durchgeführt werden. Die Anordnung der Versuchskörper ist bereits früher beschrieben, die Messung der Rundeisenkräfte wurde ebenfalls bereits näher erläutert. Die Streckgrenze wurde durch Dehnungsmessungen an den Rundeisen bestimmt. Die hierbei vorhandenen Spannungen sind im nächsten Abschnitt angegeben. Die Versuchskörper wurden nach dem Erreichen der Streckgrenze in den Rundeisen noch weiter gedrückt, bis sich der lichte Abstand zwischen den Widerlagern um die folgenden Beträge vergrößert hatte.

Abb. 7. Meßstellenanordnung am Versuchskörper II.

Versuchs-körper	Vergrößerung des lichten Abstandes in cm	Beim Abdrücken erreichte Höchstlasten in t
I	7,0	160
II	4,5	164
III	14,0	188

Der Körper III war weiter gedrückt worden als die Körper I und II, da sich bei diesem Körper wegen der geringeren Länge der Rundeisen eine Prüfung über die Streckgrenze hinaus leichter ermöglichen ließ als bei den Körpern I und II. Bei einer Last von 178 t zeigten sich an den Kopfseiten der Widerlager des Körpers III starke Risse (Abb. 10). Diese Risse ließen vermuten, daß bei hohen Lasten vielleicht doch ein Herausziehen der Rundeisen aus dem Beton eintreten würde. Die Prüfung dieses Versuchskörpers wurde deshalb später, nachdem die inzwischen anderweitig benutzten Pressen wieder frei waren, fortgesetzt. Am 13. und 14. Februar 1936 wurde der Körper weiter gedrückt. Die Last stieg dabei bis auf 200 t an. Dem entspricht eine mittlere Spannung in den Rundeisen von 3500 kg/cm². Schon vor dem Erreichen der Höchstlast bei 176 t, 184 t, 192 t und 200 t ertönte mehrmals ein lautes Knallen. Bei den Lasten 176 und 200 t fiel die Last in den Preßzylindern bis auf einen Bruchteil ab. Es muß deshalb angenommen werden, daß bei der ersten Last der Anriß, bei der Höchstlast aber der

VI. Meßergebnisse.

a) Dehnungsmessungen.

Die Ergebnisse der Dehnungsmessungen sind in Abb. 8 aufgetragen. Die Streckgrenze der Rundeisen wurde erreicht bei

Versuch 1   2640 kg/cm²
Versuch 2   2850 kg/cm²
Versuch 3   2710 kg/cm².

Die Streckgrenze lag also ein wenig höher als bei dem im Materialprüfungsamt untersuchten Rundeisen ($\sigma_s = 2620$ kg/cm²).

b) Ergebnis der Messung der Abstandsänderung.

Gemessen wurde zunächst die Abstandsänderung der Eisenbetonklötze an vier Stellen in der Nähe der Kanten (s. Abb. 9). Daneben wurden die Bewegungen der beiden Außenflächen durch je eine Meßuhr bestimmt. Außerdem wurde bei den Versuchskörpern I und II das Herausziehen der Rundeisen durch vier Zeißuhren gemessen. Die vier Messungen der Abstandsänderung der Eisenbetonklötze wurden gemittelt, ebenso die Messungen über das Herausziehen der Rundeisen.

Die Ergebnisse dieser Messungen sind in Abb. 9 aufgetragen. Der Unterschied der Messungen der Abstandsänderung der Innenkanten und der Messung der Bewegung der äußeren Stirnflächen sollte die Längenveränderung der Betonkörper angeben. Da jedoch einmal eine positive

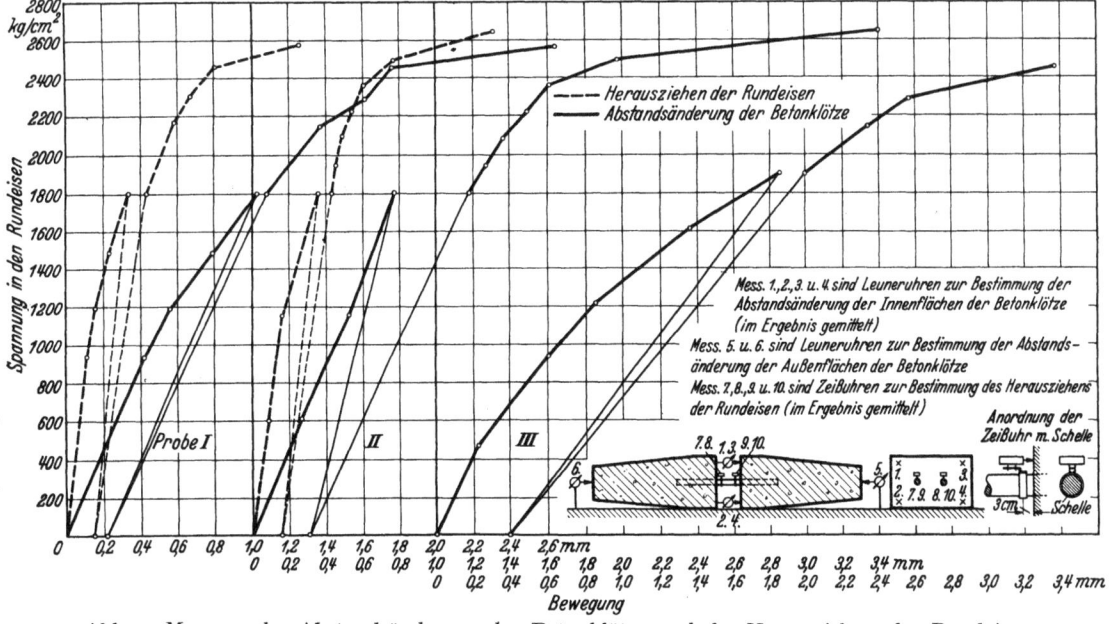

Abb. 9. Messung der Abstandsänderung der Betonklötze und des Herausziehens der Rundeisen.

Durchbruch des oberen Rundeisens erfolgte. Nach dem Erreichen der Höchstlast wurde der Körper bei kleineren Lasten weitergedrückt. Nach langer Zeit wurde die Bruchfläche des oberen Eisens aus dem Eisenbetonkörper herausgezogen. Nach weiterem Drücken wurde auch das untere Eisen herausgezogen, das sich beim Herausziehen mehr oder weniger gerade gezogen hatte. Die herausgezogenen Eisenenden sind in Abb. 11 abgebildet. Die hinterher erfolgte Aufstemmung des Widerlagers ist in den Abb. 12 u. 13 zu sehen. Man sieht den abgebrochenen Haken des oberen Eisens, der sich durch den Druck etwa 2 cm aus seinem ursprünglichen Bett herausgezogen hat.

und einmal eine negative Längenänderung hierfür festgestellt wurde, die beide weniger als 5% der Abstandsänderung betrugen, wird im folgenden nur auf die Messung der Abstandsänderung der Innenkanten eingegangen.

Die Gesamtlängenänderung der Eisen kann mit einer praktisch ausreichenden Genauigkeit der Abstandsänderung (Leuneruhrenmessung) der Innenkanten gleichgesetzt werden, weil die Längenänderung des Betonklotzes — wie früher gesagt — demgegenüber nur klein war. Dies gibt eine gute Möglichkeit zur Entscheidung der Frage, ob und wie lange die Eisen durch Haftung und Reibung am Eisenumfang getragen haben und wann die Haken wirksam wurden.

Die Reibungsspannung am Rundeisenumfang ist zunächst am größten am Ende des Betonklotzes, da dort die Verschiebung am größten ist.

Es stellt sich die in Abb. 14 oben stark ausgezogene Haftspannungsverteilungslinie längs der Rundeisen ein. Wenn bei höheren Spannungen, insbesondere bei Erreichung der Streckgrenze, die Querkontraktion der Eisen sich auswirkt, kann die Haftspannung auch weiter innen größer sein als am Ende des Betonklotzes. Bis zu Spannungen dicht unterhalb der Streckgrenze kann jedoch mit der angegebenen Haftspannungsverteilung gerechnet werden. Diese kann mit ausreichender Genauigkeit durch die in Abb. 14 angegebenen Dreiecke ersetzt werden.

Abb. 10. Stirnfläche des Körpers III kurz nach dem Erreichen der Streckgrenze in den Rundeisen.

Wenn die Haftspannung gradlinig von Null bis auf den Maximalwert τ_{max} ansteigt, muß die Eisenspannung wie ebenfalls in Abb. 14 angegeben nach einer quadratischen Parabel von Null bis $\sigma_{e\,max}$ ansteigen. Die Länge, auf die innerhalb des Betonkörpers Haftspannungen auf das Eisen einwirken, wird mit l' bezeichnet. Im Höchstfall kann l' gleich l'_0 werden. Ist l' kleiner als l'_0, wird die gesamte Zugkraft durch Haftspannungen auf den Beton

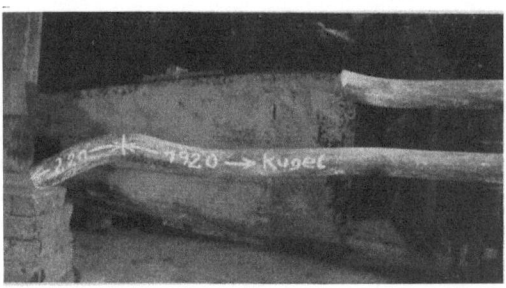

Abb. 11. Herausgezogene Eisenenden beim Versuchskörper III. Oberes Eisen: Haken abgebrochen. Unteres Eisen: Haken aufgebogen.

übertragen. Wird bei größeren Eisenspannungen rechnerisch l' größer als l_0, ist dies ein Beweis dafür, daß nur ein Teil der Zugkraft durch Haftspannungen, der Rest aber durch den Endhaken übertragen wird. Wenn in den Rundeisen die Streckgrenze überschritten ist, kann damit gerechnet werden, daß praktisch fast die gesamte Eisenkraft nur durch die Haken übertragen wird.

Im folgenden soll untersucht werden, wie lange die Rundeisenkraft nur durch Haftspannungen übertragen wird, wann die Haken wirksam werden und wie groß die mittleren Haftspannungen sind. Aus der Messung der Abstandsänderung der Betonklötze, die der Gesamtlängenänderung der Rundeisen gleichgesetzt werden kann, läßt sich die Länge l' leicht berechnen. Die Abstandsänderung Δl ist nach Abb. 14

$$\Delta l = \frac{1}{E} \cdot \sigma_{e\,max} \left(40 + 2 \cdot \frac{l'}{3} \right)$$

$$l' = \Delta l \cdot \frac{1{,}5\,E}{\sigma_{e\,max}} - 40 \;.$$

Die mittlere Haftspannung $\tau_{mittel} = \frac{1}{2}\,\tau_{max}$ ist

$$\tau_{mittel} = \frac{\sigma_{e\,max} \cdot f_e}{l' \cdot u} = \frac{\sigma_{e\,max}}{l'} \cdot 1{,}54$$

(u = Rundeisenumfang, f_e = Rundeisenquerschnitt)

In der nachfolgenden Zahlentafel 2 sind die Längen l' und die mittleren Haftspannungen τ_{mittel} für die drei Versuchskörper neben den Eisenspannungen $\sigma_{e\,max}$ aufgetragen.

Zahlentafel 2.

Körper I			Körper II			Körper III		
$\sigma_{e\,max}$	l'	τ_{mittel}	$\sigma_{e\,max}$	l'	τ_{mittel}	$\sigma_{e\,max}$	l'	τ_{mittel}
kg/cm²	cm	kg/cm²	kg/cm²	cm	kg/cm²	kg/cm²	cm	kg/cm²
935	102	14	612	95	10	468	108	7
1192	108	17	1147	102	17	935	(158)	(9)
1477	126	18	1805	161	17			
1805	146	19	1940	164	18			
2150	156	21	2080	165	19			
2290	(177)	(20)	2220	172	20			
			2360	(173)	(21)			
$l'_0 = 170$ cm			$l'_0 = 170$ cm			$l'_0 = 120$ cm		

Man sieht daraus, daß bei den Versuchskörpern I und II bis dicht unterhalb der Streckgrenze die gesamte Zugkraft nur durch Haftspannungen auf den Beton übertragen wurde. Erst beim Erreichen der Streckgrenze bekommen die Haken einen größeren Teil der Zugkraft. Dagegen kann angenommen werden, daß bei Versuchsende, wenn der lichte Abstand der Betonklötze sich um 7 bzw. 4,5 cm vergrößert hat, fast die gesamte Zugkraft nur durch die Haken aufgenommen wird, da sowohl die Querkontraktion der Eisen oberhalb der Streckgrenze als auch die großen Verschiebungen zwischen Eisen und Beton große Haftspannungen unwahrscheinlich machen. Von der Beton- und Monierbau-A.-G. war in einem Vorversuch festgestellt worden, daß ein ebensolches Rundeisen ohne Haken einbetoniert sich bei einer mittleren Haftspannung von nur 12 kg/cm² aus dem Beton herausziehen ließ. Die hier errechneten Haftspannungen von 20 bis 21 kg/cm² erscheinen dagegen recht hoch zu sein. Beim Körper III, bei dem die Länge l' nur 120 cm betrug, begann die Wirkung der Endhaken schon weit früher bei etwa $\sigma_{e\,max} =$ 600 kg/cm². Es ist anzunehmen, daß im Gegensatz zu den Körpern I und II hier oberhalb dieser Last sowohl die Haftspannungskraft als auch die Hakenkraft weiter anstieg, während bei den Körpern I und II die Haftspannungskraft ihr Maximum wohl schon annähernd erreicht hat, ehe der Haken zu wirken beginnt.

VII. Ergebnisse und Schluß.

Alle drei Versuchskörper wurden in einem Alter von zwei Wochen belastet, bis die 60 mm starken Eisen bis zur Streckgrenze beansprucht waren. Dies war bei Spannungen von 2640, 2850 und 2710 kg/cm² der Fall. Eine Auswertung der Meßergebnisse ergab, daß bei den Körpern I und II bis fast zu diesen Spannungen hinauf alle Kräfte durch Reibungsspannungen am Rundeisenumfang und nicht durch die Haken in die Klötze eingeleitet wurden. Beim Körper III begann die Mitwirkung der Haken von einer Eisenspannung oberhalb 600 kg/cm² ab. Bis zur Erreichung der Streckgrenze wurden keinerlei sichtbare Risse in den Eisenbetonkörpern beobachtet. Man kann annehmen, daß im Endzustand die Querkontraktion der Eisen so groß war, daß dann der Hauptteil der Zugkraft nur durch die Haken übertragen wurde.

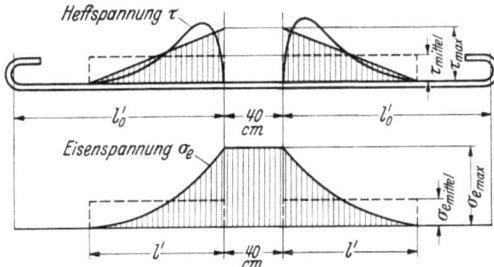

Abb. 14. Heftspannungen τ und Eisenspannungen σ_e.

Abb. 12 und 13. Aufstemmung am Körper III (Kreidestriche: Abgerissenes Rundeisen).

Der Körper III wurde über die Streckgrenze hinaus bis zum Bruch belastet. Dicht oberhalb der Streckgrenze zeigten sich an den Außenflächen der beiden Widerlager starke senkrechte Risse. Bei einer mittleren Eisenspannung von 3500 kg/cm² riß das obere Eisen am Ansatz des Hakens ab. Das untere Eisen konnte darauf aus dem Beton mit dem oberen zusammen herausgezogen werden. Durch das bei Versuch III am Hakenansatz abgerissene Rundeisen ist der Beweis erbracht, daß auch der Haken allein ohne Haftspannungen eine ausreichende Verankerung für das Rundeisen bilden kann.

Die Versuche haben insofern ihr Ziel erreicht, als sie gezeigt haben, daß es möglich ist, dicke Rundeisen aus St 37 mit ausreichender Sicherheit allein durch Konstruktionselemente des Eisenbetonbaues in den Beton hinein zu verankern und daß deshalb unter gewissen Voraussetzungen eine Änderung der bestehenden Bestimmungen in diesem Punkt berechtigt erscheint.

Die Bestimmung des Mischungsverhältnisses und Bindemittelgehaltes von Zement-Mörtel und -Beton

Von Dozent Dr. habil. H. W. Gonell
(Mitteilung aus dem Staatlichen Materialprüfungsamt Berlin-Dahlem)

Die nachträgliche Bestimmung des Mischungsverhältnisses von erhärtetem Mörtel und Beton ist eine der häufigsten Aufgaben, die an eine Baustoff-Prüfstelle herangetragen werden.

Dabei ist die Art der Bestimmung von wesentlichem Einfluß auf das Ergebnis. Insbesondere sind folgende Punkte zu beachten:

1. Durch sachgemäße Entnahme einer genügend großen Probemenge ist zu gewährleisten, daß die untersuchte Probe dem Durchschnitt des Mörtels oder Betons entspricht.
2. Nur bei einer gemäß 1. entnommenen größeren Probemenge besteht die Möglichkeit zur Untersuchung des herausgelösten Zuschlagstoffes auf
   a) Litergewicht zwecks Berechnung des Mischungsverhältnisses in Raumteilen und
   b) Kornzusammensetzung und Gehalt an abschlämmbaren Bestandteilen zwecks Heranziehung der Beschaffenheit des Zuschlagstoffes bei der Beurteilung des Betons.
3. Für die Durchführbarkeit und Art der nachträglichen Bestimmung des Mischungsverhältnisses sind die Art des Zuschlagstoffes und des Bindemittels sowie das Vorhandensein von Zusatzstoffen (Traß, Hochofenschlacke usw.) bestimmend. Falls Zuschlagstoff und Bindemittel sowie gegebenenfalls Zusatzstoff nicht gesondert vorliegen, sind geeignete Vorprüfungen anzustellen, bevor die Untersuchung auf Mischungsverhältnis begonnen wird.

Leider werden diese Grundvoraussetzungen für eine nachträgliche Bestimmung des Mischungsverhältnisses vielfach durchaus nicht genügend beachtet. Dem Staatlichen Materialprüfungsamt Berlin-Dahlem sind bei seiner gutachtlichen Tätigkeit Fälle bekanntgeworden, in denen z. B. das Vorhandensein von Kalkstein — der mit dem Bindemittel in Lösung geht! — nicht beachtet und daher das Mischungsverhältnis viel zu günstig gefunden wurde. In anderen Fällen gab die Verwendung einer nicht sachgemäß entnommenen oder auch zu kleinen Probemenge Anlaß zu Fehlergebnissen.

Bilden auf solche Weise gewonnene „Prüfungsergebnisse" die Unterlage für die nachträgliche Überprüfung der ordnungsmäßigen Ausführung eines Baues oder die technische Grundlage der Urteilsfindung eines Gerichts, so sind schwere Schäden für die Allgemeinheit, ungerechtfertigte Prozesse und möglicherweise Fehlurteile für die Beteiligten die Folge.

Daher ist die Absicht entstanden, vom Deutschen Verband für die Materialprüfungen der Technik Richtlinien — gegebenenfalls in Form eines Normenblattes — herauszugeben, die die Grundlagen der für die Bauüberwachung so wichtigen Prüfung auf Mischungsverhältnis klarlegen. Hierdurch wird den untersuchenden Stellen eine Anleitung für die Vorbereitung und Durchführung der Prüfung gegeben und andererseits die Möglichkeit geschaffen, an Hand der über die Untersuchung zu führenden Protokolle zu beurteilen, ob die Voraussetzung für eine sachgemäße Durchführung der Prüfung gegeben war.

Der wesentliche Inhalt des Entwurfes, der diesen Richtlinien zu Grunde liegen wird, ist nachstehend wiedergegeben. Er ist aufgestellt nach den jahrzehntelangen Erfahrungen des Staatlichen Materialprüfungsamts Berlin-Dahlem[1]) und hat bereits die Billigung namhafter Fachgenossen gefunden.

Die Richtlinien werden sich absichtlich auf Mörtel und Beton aus Zement und zementähnlichen Bindemitteln beschränken, da für Baukalke keine ausreichenden Begriffsbestimmungen bestehen und das Mischungsverhältnis von Kalkmörtel daher nur unter besonderen Voraussetzungen bestimmbar ist.

A. Begriffserklärung

Unter Mischungsverhältnis eines Mörtels oder Betons wird das Verhältnis vom Bindemittel zum Zuschlagstoff in Gewichtsteilen oder Raumteilen verstanden. Dabei wird als Bindemittel auch ein etwa vorliegendes Gemisch aus Zement mit einem oder mehreren Zusatzstoffen, wie Traß, Hochofenschlacke, verstanden. Ebenso kann der Zuschlagstoff aus einem Gemisch mehrerer Zuschlagstoffe (z. B. Sand + Kies + Gesteinssplitt) bestehen. Bei der Angabe des Mischungsverhältnisses ist stets hinzuzufügen, ob sich die Zahlenwerte auf Gewichts- oder Raumteile beziehen. Das Bindemittel wird bei der Berechnung der Verhältniszahl gleich 1 gesetzt.

Unter Bindemittelgehalt in 1 m³ fertigem Beton versteht man die in 1 m³ Beton enthaltene Bindemittelmenge in kg — im Anlieferungszustand.

B. Bestimmbarkeit des Mischungsverhältnisses

Zur nachträglichen Ermittlung des Mischungsverhältnisses eines erhärteten Mörtels oder Betons müssen Bindemittel und Zuschlagstoff voneinander getrennt werden. Zu diesem Zweck wird das Material üblicherweise mit Salzsäure behandelt. Dieses Verfahren führt nur dann zu einer quantitativen Trennung, wenn allein das Bindemittel in Lösung geht, der Zuschlagstoff dagegen ungelöst zurückbleibt. Enthält der Zuschlagstoff in Salzsäure ganz oder teilweise lösliche (Kalkstein, Basalt, Hochofenschlacke, Traß) oder das Bindemittel in Salzsäure ganz oder teilweise unlösliche Bestandteile (z. B. Traß) oder ist beides zugleich der Fall, so ist die Bestimmung des Mischungsverhältnisses nachträglich nur mit gewissen Einschränkungen oder überhaupt nicht möglich. Über die Art des Bindemittels und des Zuschlagstoffes sind daher der die Untersuchung durchführenden Stelle möglichst

---

[1]) Vgl. H. Burchartz, Mitteil. a. d. Kgl. Mat.-Pr.-Amt 1906 S. 291 — ders. in K. Memmler, Das Materialprüfungswesen, 2. Aufl. (F. Enke, Stuttgart 1924), S. 287.

genaue Angaben zu machen. Gegebenenfalls wird eine qualitative Vorprüfung einigen Aufschluß hierüber — insbesondere über die Beschaffenheit des Zuschlagstoffes — geben. So ist das Vorhandensein von Kalkstein im Zuschlagstoff leicht an der von den einzelnen Kalksteinkörnern ausgehenden Gas-(Kohlensäure-)Entwicklung in verdünnter Salzsäure erkennbar. Um bei starker — auch schon durch das Inlösunggehen des Zements bedingter — Gasblasenentwicklung die Beobachtung zu erleichtern, empfiehlt sich das Überschichten mit Äther. Hochofenschlacke macht sich beim Behandeln des Betons mit Salzsäure durch den Geruch nach Schwefelwasserstoff bemerkbar, wobei für die Beurteilung allerdings Vorsicht geboten ist, sofern zur Bereitung des Betons schlackenhaltiger Zement verwendet sein kann. Die Grenzen der Bestimmbarkeit des Mischungsverhältnisses, die durch die Beschaffenheit des Zuschlagstoffes und des Bindemittels bedingt sind, sind in der nachstehenen Tafel 1 zusammengestellt.

C. Probenahme

Zur Sicherstellung eines zuverlässigen Untersuchungsergebnisses ist die Verwendung einer genügend großen Probemenge erforderlich, die der durchschnittlichen Beschaffenheit des Mörtels oder Betons entsprechen muß. In der Regel sind aus dem betreffenden Bauteil an mindestens zwei ver-

Tafel 1
Grenzen der Bestimmbarkeit des Mischungsverhältnisses

Art des Zuschlagstoffes	Art des Bindemittels		Mischungsverhältnis in Gewichtsteilen	Mischungsverhältnis in Raumteilen	Besondere Voraussetzungen der Bestimmbarkeit des Mischungsverhältnisses in Gewichtsteilen	Besondere Voraussetzungen der Bestimmbarkeit des Mischungsverhältnisses in Raumteilen
In Salzsäure unlöslich	Normenzemente (Portland-, Eisenportland-, Hochofenzement) und Tonerdezement		bestimmbar	bestimmbar	keine	Prüfung des herausgelösten Zuschlagstoffes auf Litergewicht
	Mischung aus Zement mit Zusatzstoffen; Zusatzstoff in Salzsäure	löslich (Hochofenschlacke, Kalk u. a.)	bestimmbar	bedingt bestimmbar	keine	Prüfung des herausgelösten Zuschlagstoffes und des unverarbeiteten Bindemittels auf Litergewicht
		teilweise löslich (Traß, Si-Stoff u. a.)	bedingt bestimmbar		Prüfung des unverarbeiteten Bindemittels auf Gehalt an in Salzsäure unlöslichen Bestandteilen	Prüfung des unverarbeiteten Zuschlagstoffes und des unverarbeiteten Bindemittels auf Litergewicht
In Salzsäure teilweise löslich[1]	Normenzemente (Portland-, Eisenportland-, Hochofenzement) und Tonerdezement		bedingt bestimmbar		Prüfung des unverarbeiteten Zuschlagstoffes auf Gehalt an in Salzsäure löslichen Bestandteilen[4]	Prüfung des unverarbeiteten Zuschlagstoffes auf Litergewicht[2]
	Mischung aus Zement mit Zusatzstoffen; Zusatzstoff in Salzsäure	löslich (Hochofenschlacke, Kalk u. a.)	bedingt bestimmbar		Prüfung des unverarbeiteten Zuschlagstoffes auf Gehalt an in Salzsäure löslichen Bestandteilen	Prüfung des unverarbeiteten Zuschlagstoffes und des unverarbeiteten Bindemittels auf Litergewicht
		teilweise löslich (Traß, Si-Stoff u. a.)	bedingt bestimmbar		Prüfung des unverarbeiteten Bindemittels, des Zuschlagstoffes u. des Betons bzw. Mörtels auf chemische Zusammensetzung. Ob und mit welcher Sicherheit aus dem Ergebnis der chemischen Analyse das Mischungsverhältnis berechenbar ist, muß je nach Art des Bindemittels und des Zuschlagstoffes entschieden werden	Prüfung des unverarbeiteten Zuschlagstoffes und des unverarbeiteten Bindemittels auf Litergewicht
In Salzsäure völlig löslich[3]	Normenzemente (Portland-, Eisenportland-, Hochofenzement) und Tonerdezement		bedingt bestimmbar			
	Mischung aus Zement mit Zusatzstoffen; Zusatzstoff in Salzsäure	löslich (Hochofenschlacke, Kalk u. a.)	bedingt bestimmbar			
		teilweise löslich (Traß, Si-Stoff u. a.)	bedingt bestimmbar			

[1]) Zuschlagstoffe können enthalten: Kalkstein oder andere Karbonate, die sich praktisch völlig in Salzsäure lösen; Gesteinsmaterial, das wesentliche Mengen in Salzsäure löslicher Stoffe aufweist, wie gewisse Basalte, Bims oder andere — verwitterte — Gesteine, die vorwiegend aus Kieselsäure, Tonerde und Eisenoxyd bestehende Stoffe an Salzsäure abgeben; Feuerungsrückstände, Schlacken o. dgl., die stets größere Mengen säurelöslicher Anteile enthalten.
[2]) Bei nicht zu hohem Gehalt an löslichen Bestandteilen kann hierauf verzichtet und der Berechnung des Mischungsverhältnisses in Raumteilen das Litergewicht des ausgelösten Zuschlagstoffes zugrunde gelegt werden.
[3]) Dieser Fall liegt z. B. vor, wenn der gesamte Zuschlagstoff aus Kalkstein besteht.
[4]) Die Bestimmung auf Grund des Gehaltes an löslicher Kieselsäure ist in diese Übersicht nicht aufgenommen, da sie lediglich als Behelfsverfahren anzusehen ist.

schiedenen Stellen Proben — zweckmäßig in groben Stücken — zu entnehmen. Bei mürbem, bröckeligem Material ist darauf zu achten, daß nicht beim Transport feinkörniges Material verlorengeht. Bei äußerlich gleicher Beschaffenheit können die Proben zu einer Durchschnittsprobe vereinigt werden. Bei ungleicher Beschaffenheit sind die Proben je für sich zu prüfen. Die Probemenge muß jeweils mindestens 3 kg betragen. Bei Zuschlagstoffen mit Körnern von mehr als 30 mm $\varnothing$ sind mindestens 5 kg, bei Zuschlagstoffen mit Körnern von mehr als 70 mm $\varnothing$ mindestens 10 kg anzuwenden. In diesem Falle sind zweckmäßig die gröbsten Zuschlagkörner auszulesen, gesondert von anhaftendem Mörtel bzw. Zement zu befreien und bei der Berechnung entsprechend zu berücksichtigen.

D. Prüfverfahren
I. Mischungsverhältnis
1. Zuschlagstoff in Salzsäure unlöslich

Das Probematerial wird von Hand grob zerkleinert. Dabei ist zu beachten, daß die Zuschlagkörner möglichst unbeschädigt bleiben, damit am ausgelösten Zuschlagstoff die Kornzusammensetzung ermittelt werden kann[2]). Das zerkleinerte Material wird in einer Porzellanschale mit einer reichlichen Menge verdünnter Salzsäure (1 : 3) übergossen und deren Wirkung zunächst kalt, später in der Wärme (Dampfbad) ausgesetzt. Die Salzsäure ist nach Bedarf zu erneuern. Die verbrauchte Lösung wird in einen Filterstutzen von etwa 20 cm $\varnothing$ und 30 cm Höhe (etwa 10 Liter Inhalt) abgegossen, um den von der Lösung mitgeführten Feinsand und Lehm absetzen zu lassen. Sobald im ungelösten Rückstand keine Mörtel- oder Betonbrocken mehr vorhanden sind, sondern nur die reinen, voneinander getrennten Zuschlagkörner vorliegen, ist der Versuch beendet. Die überstehende Flüssigkeit wird dann in Filterstutzen obiger Art abgegossen; in diesen setzen sich die mitabgeflossenen abschlämmbaren Bestandteile (Feinsand, Lehm usw.) ab. Das in dem Filterstutzen abgesetzte Material wird wieder in eine große Porzellanschale zurückgegeben und darin mit 2 %iger Natronlauge behandelt, um etwa beim Auslösen des Zementes abgeschiedene Kieselsäure wieder in Lösung zu bringen. Es wird dann durch ein Normensieb 0,090 DIN 1171 (früher DIN 1171 Nr. 70; lichte Maschenweite 0,090 mm) auf ein Faltenfilter (Schleicher & Schüll Nr. 588) oder auf ein in einer Porzellannutsche befindliches Rundfilter gegeben, zugleich mit Wasser ausgewaschen. Als „abschlämmbare" Stoffe werden nur die durch das Sieb geflossenen bezeichnet, die durch das Filter zurückgehalten und mit diesem bei 98° getrocknet werden. Das Trockengewicht des Filters wird zurückgerechnet. Der auf dem Sieb zurückbleibende Anteil wird mit dem übrigen, beim Schlämmen zurückgebliebenen Zuschlagstoffe vereinigt und wie dieser bei 98° getrocknet (Dampftrockenschrank)[2]).

Die ermittelten Mengen an Sand bzw. Kiessand und abschlämmbaren Bestandteilen[3]) werden, bezogen auf die Einwaage, in Gewichtsprozenten errechnet. Ihre Summe stellt den anteiligen Gehalt des Mörtels oder Betons an Zuschlagstoffen dar. Die Differenz des Gehaltes an Zuschlagstoff (Z) gegen 100 gibt den Gehalt des Materials an erhärtetem Bindemittel (Be) an.

$$100 - Z = Be.$$

Bei Bindemitteln, die wie Normenzemente und Tonerdezemente ursprünglich keinen wesentlichen Gehalt an Hydratwasser und Kohlensäure haben, ist der Gehalt des Betons an Wasser und Kohlensäure im wesentlichen als vom Bindemittel aufgenommen zu betrachten. Bei Bindemitteln, die an sich einen wesentlichen Gehalt an Wasser und Kohlensäure aufweisen, ist ein entsprechender Anteil des Glühverlustes dem Bindemittel zuzurechnen.

An einer fein zerkleinerten Durchschnittsprobe des Mörtels oder Betons (Durchgang durch Sieb 0,75 DIN 1171) wird in der üblichen Weise der Glühverlust bestimmt und von dem Gehalt an erhärtetem Bindemittel in Abzug gebracht. Die so erhaltene Zahl stellt den Gehalt B des Betons an Bindemittel zur Zeit der Verarbeitung dar. Hieraus berechnet sich das Mischungsverhältnis in Gewichtsteilen zu

$$M_G = B : Z = 1 : \frac{Z}{B}$$

Aus dem Mischungsverhältnis in Gwtl. kann auf Grund der Litergewichte des Bindemittels und des Zuschlagstoffes das Mischungsverhältnis in Raumteilen berechnet werden. Ist nachweislich Normenzement oder Tonerdezement verwendet worden, so wird als Litergewicht nach den vorliegenden Erfahrungen der Einheitswert 1,25 kg/dm³, für hochwertige Normenzemente 1,15 kg/dm³ angenommen. Sind andere Bindemittel verwendet worden, so ist das Litergewicht (L_B) an einer Probe des unverarbeiteten Bindemittels zu bestimmen. Für die Rechnung wird das Litergewicht eingelaufen (Schüttgewicht) multipliziert mit 1,1 eingesetzt, das erfahrungsgemäß zu den den tatsächlichen Verhältnissen am besten entsprechenden Werten führt.

Das Litergewicht des Zuschlagstoffes (L_Z) ist in jedem Fall zu ermitteln. Hierzu wird das Abschlämmbare wieder mit dem Sand bzw. Kiessand vermischt, und die Mischung, um den Verhältnissen der Praxis möglichst nahezukommen, mit 3 % Wasser angefeuchtet. Das Litergewicht wird bei Zuschlagstoffen mit Körnern von weniger als 30 mm $\varnothing$ in 1-Liter-Gefäßen, bei Zuschlagstoffen mit gröberen Körnern möglichst im 5-Liter-Gefäß ermittelt. Dabei wird das Material von Hand eingefüllt. Das Mischungsverhältnis in Rtl. (M_R) berechnet sich wie folgt:

$$M_R = \frac{B}{L_B} : \frac{1,03 \, Z}{L_Z} = 1 : \frac{1,03 \, Z \cdot L_B}{B \cdot L_Z}$$

(Vgl. auch das in Tafel 2 gegebene Muster eines Prüfungsprotokolles.)

---

[2]) Geht infolge großer mechanischer Widerstandsfähigkeit des Betons die Grobzerkleinerung nur unter Zertrümmerung größerer Mengen des Zuschlagstoffes vor sich, so ist dies bei der späteren Wiedergabe der Kornzusammensetzung des Zuschlagstoffes zu bemerken.

[3]) Das Bestimmungsverfahren zur Erfassung der abschlämmbaren Bestandteile wird in dem demnächst erscheinenden Normenblatt DIN 2160 eingehend beschrieben.

2. Zuschlagstoff in Salzsäure teilweise löslich

a) Unverarbeiteter Zuschlagstoff vorhanden.

Der Zuschlagstoff wird in der gleichen Weise wie der zerkleinerte Mörtel oder Beton mit verdünnter Salzsäure behandelt und anschließend ausgewaschen. Je nach der Korngröße des Zuschlagmaterials sind die zu verwendenden Mengen entsprechend den unter C für die Größe der Betonproben gemachten Angaben zu bemessen. Ferner wird an einer fein zerkleinerten Durchschnittsprobe (Durchgang durch Sieb 0,75 DIN 1171) der Glühverlust des Zuschlagstoffes ermittelt. Der Beton wird in gleicher Weise wie unter 1 angegeben behandelt.

Bei der Berechnung des Bindemittelgehalts wird der ermittelte Gehalt des Zuschlagstoffes an löslichen Bestandteilen vom Gehalt des Mörtels oder Betons an löslichen Bestandteilen abgezogen und dem Zuschlagstoff zugerechnet. Der Glühverlust des Zuschlagstoffes ist anteilig vom Glühverlust des Betons abzuziehen[4].

b) Unverarbeiteter Zuschlagstoff nicht vorhanden.

Ist unverarbeiteter Zuschlagstoff nicht mehr vorhanden, so ist das Mischungsverhältnis nachträglich nicht mehr zuverlässig bestimmbar. Nur wenn der Zuschlagstoff als einzigen löslichen Bestandteil Kalkstein enthält und das Bindemittel Normenzement ist, kann das Mischungsverhältnis — allerdings nur mit grober Annäherung und unter gewissen Annahmen über den Kieselsäuregehalt der Normenzemente — auf Grund des Gehaltes des Mörtels oder Betons an löslicher Kieselsäure ermittelt werden. Vorausgesetzt ist dabei, daß der Kalkstein bzw. der Zuschlagstoff überhaupt keine wesentlichen Mengen löslicher Kieselsäure enthalten. Das Verfahren der löslichen Kieselsäure ist keinesfalls anwendbar, wenn der Zuschlagstoff außer Kalkstein Stoffe enthält, die lösliche Kieselsäure abgeben, wie Basalt, Schlacke, Lehm[5].

Aus diesen Gründen ist bei der Berechnung des Mischungsverhältnisses aus dem Gehalt an löslicher Kieselsäure größte Vorsicht hinsichtlich der Beurteilung des Prüfungsergebnisses geboten. Jedenfalls ist dringend davor zu warnen, die Bestimmung des Mischungsverhältnisses in allen Fällen — auch wenn die Art des Zuschlagstoffes und das Fehlen einer unverarbeiteten Probe desselben dies nicht erfordern — auf Grund des Gehaltes an löslicher Kieselsäure vorzunehmen, wie dies an manchen Stellen geschieht[6].

Um einen Anhalt für die Bestimmung des Gehaltes an löslicher Kieselsäure zu geben, wird nachstehend das im Staatlichen Materialprüfungsamt Berlin-Dahlem bewährte Verfahren beschrieben, das jedoch nur angewandt wird, wenn keine andere Möglichkeit zur Ermittlung des Mischungsverhältnisses besteht.

Zwecks Bestimmung des Gehaltes an löslicher Kieselsäure werden 20 g einer Durchschnittsprobe des fein zerkleinerten Betons (Durchgang durch Sieb 0,75 DIN 1171) mit 200 cm³ verdünnter Salzsäure (1 : 3) zum Sieden erhitzt und nach kurzem Aufkochen filtriert. Das Filtrat wird auf 500 cm³ aufgefüllt. Der auf dem Filter verbleibende Rückstand wird mit 2%iger Natronlauge in ein Becherglas von 500 cm³ Inhalt zurückgespült, erhitzt und etwa 10 Minuten siedend heiß gehalten. Danach wird filtriert und das Filtrat auf 500 cm³ aufgefüllt. Von beiden Filtraten werden 200 cm³ abgemessen und in je einer Platinschale[7]) eingedampft. Die Kieselsäure wird wie üblich abgeschieden, mit verdünnter Salzsäure aufgenommen und filtriert[8]). Beide Filter werden dann zusammen verascht. Bei sehr magerem Beton oder Mörtel werden zweckmäßig nicht nur 200 cm³ der Filtrate, sondern die ganzen Mengen für die Abscheidung der Kieselsäure verwendet.

Aus dem ermittelten Gehalt an löslicher Kieselsäure kann der Gehalt des Betons an Normenzement — kohlensäure- und wasserfrei — unter der Annahme berechnet werden, daß Portlandzement durchschnittlich 22 %, Eisenportlandzement 24 % und Hochofenzement 28 % lösliche Kieselsäure enthält. Falls der verwendete Zement noch vorhanden ist, ist sein Gehalt an löslicher Kieselsäure zu bestimmen und der Rechnung zu Grunde zu legen.

Die Bestimmung des Glühverlustes ist zwecklos, da nicht festgestellt werden kann, welcher Anteil des Glühverlustes auf den Zuschlagstoff entfällt. Daher wird für die Rechnung angenommen, daß der Glühverlust des erhärteten Zementes 20 % beträgt[9]). Der für den Gehalt an kohlensäure- und wasserfreiem Zement (B) erhaltene Wert ist also mit 1,25 zu multiplizieren, um den Gehalt an erhärtetem Zement Be zu erhalten.

$$B = SiO_2 \cdot \frac{100}{22} \text{ (für Portlandzement)}$$
$$Be = B \cdot 1{,}25$$

Die Differenz des so ermittelten Gehaltes an erhärtetem Zement (Be) gegen 100 gibt den Gehalt des Mörtels oder Betons an Zuschlagstoffen an.

$$Z = 100 - Be.$$

Das Mischungsverhältnis in Gwtl. ergibt sich dann aus dem Verhältnis des glühverlustfreien Zementes zum Zuschlagstoff wie unter D I 1 (vgl. auch das in Tafel 2 gegebene Muster eines Prüfungsprotokolls). Der Gehalt an abschlämmbaren Bestandteilen wird gesondert an einer etwa 3 kg schweren Probe wie zu D I 1 ermittelt.

Für das Mischungsverhältnis in Rtl. muß vorausgesetzt werden, daß der Gehalt des Zuschlagstoffes an Kalkstein, der beim Herauslösen des Zementes mit diesem in Lösung geht, für das Litergewicht praktisch ohne Belang ist. Bei höherem Kalksteingehalt wird diese Voraussetzung jedoch nicht zutreffen. Das Verfahren führt nur dann zu einigermaßen brauchbaren Werten, wenn der Kalkstein keine lösliche Kieselsäure enthält. Kalksteine, die lösliche Kieselsäure enthalten, kommen erfahrungsgemäß vor und bewirken bei Anwendung des genannten Verfahrens, daß das Mischungsverhältnis zu fett gefunden wird. Zweckmäßig ist daher, bei Vorliegen eines kalksteinhaltigen Zuschlages neben dem Verfahren der löslichen Kieselsäure auch das unmittelbare Verfahren anzuwenden. Führt ersteres zu einem fetteren Mischungsverhältnis als letzteres, so ist mit Sicherheit

---

[4]) Vgl. z. B. Tonindustrie-Zeitung 33 (1909) S. 197.

[5]) Lehm führt allerdings im allgemeinen nicht zu wesentlichen Fehlern, wie V. Rodt festgestellt hat (Zement 17 [1928] S. 319).

[6]) Vgl. A. Steopoe, Zement 23 (1934) S. 758; R. Scheibe, Zement 24 (1935) S. 473.

[7]) Gegebenenfalls können auch Porzellanschalen verwendet werden, die eine völlig glatte Oberfläche haben und mehrfach mit Salzsäure ausgekocht sind.

[8]) Vgl. Analysengang für Normenzemente.

[9]) Eine Annahme, die naturgemäß nicht immer genau zutrifft und eine der Unsicherheitsquellen der Berechnung des Mischungsverhältnisses aus dem Gehalt an löslicher Kieselsäure darstellt.

anzunehmen, daß der Kalkstein lösliche Kieselsäure enthält. In diesem Fall ist der aus der löslichen Kieselsäure ermittelte Wert unbrauchbar. Es kann lediglich gesagt werden, daß das Mischungsverhältnis keinesfalls fetter ist, als dem aus der Behandlung mit Salzsäure ermittelten Wert entspricht.

Auf entsprechende Weise wie die lösliche Kieselsäure kann auch jeder andere Bestandteil des Zements der Rechnung zugrunde gelegt werden, vorausgesetzt, daß sein Gehalt im Bindemittel bekannt ist und er aus dem Zuschlagstoff nicht herausgelöst wird. Man wird in diesen Fällen zum mindesten den Gehalt des Bindemittels an dem betr. Bestandteil ermitteln müssen. Das Bindemittel muß also gesondert vorliegen. Hierher gehört z. B. Mangan, wenn der Beton manganreichen Eisenportland- oder Hochofenzement enthält. Wird der Bestandteil auch aus dem Zuschlagstoff herausgelöst, so ist auch dieser gesondert zu untersuchen.

Die Berechnung des Zementanteils x erfolgt entsprechend der Mischungsregel aus der Gleichung:

$$x = \frac{c-b}{a-b} \cdot 100$$

Darin ist a der Gehalt des Bindemittels an dem Bestandteil in %,

darin ist b der Gehalt des Zuschlagstoffes an dem Bestandteil in %,

darin ist c der Gehalt des Betons (Mörtels) an dem Bestandteil in %.

3. Zuschlagstoff in Salzsäure völlig löslich

Wenn Bindemittel und Zuschlagstoff gesondert vorliegen, kann das Mischungsverhältnis gegebenenfalls aus den Ergebnissen der chemischen Analyse des Mörtels oder Betons, des Bindemittels und des Zuschlagstoffes berechnet werden (vgl. auch folgenden Abschnitt).

4. Sonderfälle

In besonderen Fällen kann die Durchführung einer vollständigen chemischen Analyse des Mörtels oder Betons und — sofern vorhanden — des Bindemittels und des Zuschlagstoffes zur Berechnung des Mischungsverhältnisses erforderlich sein (vgl. z. B. unter D I 3).

Die vollständige chemische Analyse muß vor allem dann vorgenommen werden, wenn als Bindemittel Zement mit Zusatz eines anderen Stoffes verwendet wurde und das Mengenverhältnis vom Zement zum Zusatzstoff ermittelt werden soll. Dieses Mengenverhältnis ist grundsätzlich nur bestimmbar, wenn die Einzelstoffe (Zement, Zusatzstoff und Zuschlagstoff) gesondert vorliegen und analysiert werden. Ferner ist Voraussetzung, daß der Zusatzstoff eine nicht zu kleine Menge, bezogen auf den Gesamtmörtel oder -beton, ausmacht.

Der Beton und die zu seiner Herstellung verwendeten Stoffe werden analysiert und zwei Bestandteile ausgewählt, die im Bindemittel, Zuschlagstoff und Zusatzstoff in möglichst verschiedener Menge vorkommen, z. B. lösliche Kieselsäure und Kalk. Wird der Gehalt an löslicher Kieselsäure im Beton mit a, der Gehalt an Kalk im Beton mit b, der Gehalt an diesen Bestandteilen im Bindemittel, Zuschlagstoff und Zusatzstoff mit den gleichen Buchstaben und den Indizes 1, 2, 3, der Anteil des Bindemittels im Beton mit x, des Zuschlagstoffes mit y und des Zusatzstoffes mit z bezeichnet, so ist:

$$a_1 x + a_2 y + a_3 z = 100 \cdot a$$
$$b_1 x + b_2 y + b_3 z = 100 \cdot b$$
$$x + y + z = 100$$

Auf Grund einer Fehlerrechnung mit Berücksichtigung der möglichen analytischen Fehler kann beurteilt werden, welche Genauigkeit das Ergebnis beanspruchen darf.

Nur wenn es sich um eine Mischung von Normenbindemitteln handelt, bei denen zuverlässige Erfahrungswerte für die chemische Zusammensetzung bekannt sind, z. B. eine Mischung aus Portlandzement und Weißkalk, kann auch ohne Untersuchung der Einzelstoffe allein aus der chemischen Analyse des Mörtels oder Betons auf ihr Mengenverhältnis in Gewichtsteilen rechnerisch mit grober Annäherung geschlossen werden.

Allgemein ist die Auswertung der Ergebnisse chemischer Analysen nur unter kritischer Berücksichtigung aller möglichen Nebeneinflüsse vorzunehmen. Auf die in der Natur der Auswertung begründete Unsicherheit ist bei der Verwendung solcher Ergebnisse für öffentliche oder private Zwecke stets ausdrücklich hinzuweisen.

II. Bindemittelgehalt

Zur Ermittlung des Bindemittelgehaltes (B) in einem erhärteten Beton ist der Gehalt an Bindemittel in Gewichtsprozenten gemäß den unter I gegebenen Gesichtspunkten zu bestimmen. Ferner ist das Raumgewicht (R) des Betons in kg/dm³ im Durchschnitt aus den Ergebnissen der Prüfung von mindestens fünf genügend großen Probestücken (mindestens Faustgröße oder mehr je nach Körnung des Zuschlagstoffes) zu bestimmen. Das Bestimmungsverfahren ist im Normenblatt DIN DVM 2102 beschrieben. Der Bindemittelgehalt in kg/m³ berechnet sich dann nach der Formel

$$B_m = 10 \cdot B \cdot R$$

Bei der Bewertung des für den Bindemittelgehalt ermittelten Zahlenwertes ist zu berücksichtigen, daß der Bindemittelgehalt des erhärteten Betons von dem des noch feuchten, frisch hergestellten Betons in gewissem Grade abweichen wird; andrerseits entfällt bei der Beurteilung eines Betons nach dem Bindemittelgehalt die Unsicherheit, die mit der Berechnung des Mischungsverhältnisses in Raumteilen gemäß den dort gemachten Ausführungen unvermeidlich ist.

Die Bestimmung des Bindemittelgehaltes in der vorstehend beschriebenen Weise sollte sich daher für Beton statt der Bestimmung des Mischungsverhältnisses in Raumteilen immer mehr einführen. Sie entspricht zudem den einschlägigen Vorschriften bedeutend besser, die die Mischung des Betons ebenfalls nach kg/m³, nicht mehr nach Raumteilen vorsehen.

Zusammenfassung

Auf Grund der im Staatlichen Materialprüfungsamt Berlin-Dahlem vorliegenden Erfahrungen wurde eine eingehende Beschreibung der Bestimmung des Mischungsverhältnisses von Zement-Mörtel und -Beton und des Bindemittelgehalts von Beton gegeben.

Dabei wurden insbesondere die Grenzen berücksichtigt, die der Bestimmung dieser Werte durch die Art der verwendeten Bindemittel und Zuschlagstoffe sowie durch das Vorhandensein etwaiger Zusatzstoffe gezogen sind.

Tafel 2

Muster eines Protokolls über die Prüfung von Zement-Mörtel — -Beton — auf Mischungsverhältnis[1]).

a) Auf Grund der Behandlung mit verdünnter Salzsäure.

b) Auf Grund der Bestimmung des Gehalts an löslicher Kieselsäure.

I. Vorbereitende Untersuchungen

zu a)

1. Glühverlust (Gv)

Ermittelt am getrockneten Material

Probematerial	Versuch Nr.	Probemenge g	Glühverlust g	Glühverlust %
— Beton —	1			
— Mörtel —	2			
	Mittel			
Zuschlagstoff[2])	1			
	2			
	Mittel			

2. Gehalt des Zuschlagstoffes[2]) an in Salzsäure (1:3) löslichen Bestandteilen

Ermittelt am getrockneten Material

In Salzsäure lösliche Bestandteile sind vorhanden — nicht vorhanden.

Sie bestehen vorwiegend aus ....

Ihre Menge in .... kg Zuschlagstoff (Einwaage)[2]) beträgt:

.... kg entsprechend .... %.

zu b)

Gehalt an löslicher Kieselsäure

Ermittelt am getrockneten Material

Mörtel — Beton . . . . %

Zuschlagstoff[2]) . . . . %

Bindemittel (nach Angabe / nach dem Analysenbefund) .... Zement

α) ermittelt[2]) . . . . %

β) angenommener Erfahrungswert .... %

II. Mechanische Zusammensetzung

A. Mischungsverhältnis in Gewichtsteilen

zu a)

Einwaage .... kg

Die Behandlung des zerkleinerten und getrockneten Mörtels — Beton — mit verdünnter Salzsäure (1 : 3) und anschließend mit 2 %iger Natronlauge ergab:

	kg	%
Unlöslicher Rückstand = Zuschlagstoff (Z)	....	....
davon Sand — Kiessand — Schotter .	....	....
Abschlämmbare Bestandteile (Ton und feinster Mehlsand)	....	....
Löslicher Anteil (als Rest) = Bindemittel im erhärteten Mörtel — Beton — (Be) . .	....	....
Bindemittel (kohlensäure- und wasserfrei) = Bindemittel zurzeit der Verarbeitung (B = Be — Gv[3])		....

Aus vorstehenden Ergebnissen berechnet sich das Mischungsverhältnis in Gewichtsteilen annähernd zu

$$M_G = B : Z = 1 : \frac{Z}{B} = 1 : \ldots\ldots$$

zu b)

Bindemittel (kohlensäure- und wasserfrei) berechnet unter der Annahme von .... % löslicher SiO_2 im Zement (B) — (s. unter I 2b) . . . . %

Bindemittel im erhärteten Mörtel — Beton — unter der Annahme von 20 % Glühverlust des erhärteten Bindemittels (Be) . . . . %

Zuschlagstoff (als Rest) (Z = 100 — Be) . . . . %

abschlämmbare Bestandteile (A) ermittelt . . . . %

davon Sand — Kiessand — Schotter (Z — A) .... %

Nach vorstehendem Ergebnis berechnet sich das Mischungsverhältnis in Gewichtsteilen (Formel siehe unter a) mit grober Annäherung)

zu 1 : ....

B. Mischungsverhältnis in Raumteilen

zu a und b)

I. Vorbereitende Untersuchungen

1. Litergewicht des Bindemittels (L_B

Ermittelt[2])

eingelaufen[4]) . . . kg/dm³ }
eingerüttelt[4]) . . . kg/dm³ } Mittel kg/dm³

Angenommen[5]) auf Grund der — Angabe — Voraussetzung —, daß es sich um Normenzement handelt, zu 1,25 kg/dm³.

2. Litergewicht des Zuschlagstoffes (L_Z)

Ermittelt am trockenen — mit 3 % Wasser angefeuchteten — Material, eingefüllt gemäß DIN DVM 2110 . . . . kg/dm³

II. Mechanische Zusammensetzung

Hiernach berechnet sich das Mischungsverhältnis in Raumteilen zu

$$M_R = \frac{B}{L_B} : \frac{1{,}03\,Z}{L_Z} = 1 : \frac{1{,}03\,Z}{B} \cdot \frac{L_B}{L_Z} = 1 : \ldots\ldots$$

1) Nicht Zutreffendes ist zu durchstreichen.

2) Wenn gesondert eingereicht.

3) Der Glühverlust ist aus der Tafel zu I 1 zu entnehmen. Bei gesonderter Prüfung des Zuschlagstoffes ist dessen Glühverlust anteilig vom Gesamtglühverlust abzuziehen, bevor der auf das Bindemittel entfallende Glühverlust Gv vom Wert Be abgezogen wird.

4) Mittel aus drei Versuchen.

5) Wenn Bindemittel nicht gesondert vorliegt.

Zementverlag G. m. b. H., Berlin-Charlottenburg 2
Druck von A. W. Hayn's Erben, Berlin SW 68
71830

Normung chemischer Prüfungen auf dem Gebiet der anorganischen Baustoffe*)

Von Dozent Dr. habil. H. W. GONELL

Leiter der Werkstoffprüfstelle des Landesgewerbeamtes Ostpreußen, Königsberg (Pr.)

Eingeg. 24. Juni 1937

Chemische Untersuchungen bedürfen in besonderem Maße der Festlegung einheitlicher Verfahren, wenn sie in verschiedenen Laboratorien zu vergleichbaren Ergebnissen führen sollen. Aus dem Gebiet der anorganischen Baustoffe ist ein Beispiel für eine besonders ausführliche Festlegung der „Analysengang für Normenzemente". Dieser Analysengang ist für alle analytischen Untersuchungen an Normenzementen verbindlich, ohne daß er bisher die Form eines Normblattes angenommen hat.

Eine gewisse Anzahl chemischer Untersuchungen bzw. Grenzwerte für chemische Eigenschaften hat neuerdings Eingang in Normblätter gefunden, die zum Teil erst im Entwurf vorliegen. So behandelte ein Vortrag in der Gründungssitzung der Fachgruppe für Baustoff- und Silicatchemie auf der 48. Hauptversammlung des VDCh 1935[1]) die Grenzen der Bestimmbarkeit des Mischungsverhältnisses von Zementmörtel und -beton. Die damals gezeigte Tafel, die diese Grenzen schematisch wiedergab, ist in etwas abgeänderter Form in das Normblatt DIN DVM E 2170 „Bestimmung von Mischungsverhältnis und Bindemittelgehalt von Zementmörtel und -beton"[1a]) aufgenommen worden. Festgelegt sind die anzuwendenden Probemengen, die Konzentration der Salzsäure, die Nachbehandlung des zurückbleibenden Zuschlagstoffes zwecks vollständiger Auslösung des Bindemittels, die Grenzbedingungen für Zuschlagstoffe verschiedener Art und die verschiedenartigen Berechnungsmöglichkeiten für das Mischungsverhältnis (Gewichtsteile, Raumteile, Bindemittelgehalt).

Die Aufstellung dieses Normblattes bedeutet einen wesentlichen Fortschritt, gerade auf diesem Gebiet waren Fehluntersuchungen und Fehlschlüsse verhältnismäßig häufig. Bei gewissenhafter Anwendung gibt das Normblatt eine zuverlässige Handhabe für die nachträgliche Bestimmung des Mischungsverhältnisses von Zementmörtel und -beton. Vor allem aber legt es auch fest, in welchen Fällen eine solche Bestimmung nicht genügend genau durchführbar und eine versuchsmäßig belegte Bewertung dieser Eigenschaft eines Mörtels oder Betons abzulehnen ist.

Ein unmittelbar hieran grenzendes Gebiet behandelt das Normblatt DIN DVM E 2160 „Prüfung von Betonzuschlagstoffen auf Gehalt an unerwünschten Bei-

---

*) Vorgetragen in der Fachgruppe für Baustoff- und Silicatchemie auf der 50. Hauptversammlung des VDCh in Frankfurt a. M. am 9. Juli 1937.

[1]) Dtsch. Chemiker 2, 20 [1936]; Tonind.-Ztg. 60, 463, 474 [1936].
[1a]) Vgl. Chem. Fabrik 10, 91 [1937].

mengungen"²). Dieses Normblatt bringt endlich eine zahlenmäßige Grenze für den Korngrößenbereich der sog. „abschlämmbaren Stoffe", der nach oben durch das Sieb 0,090 DIN 1171 (lichte Maschenweite 0,090 mm) begrenzt wird. Das Bestimmungsverfahren wird vorgeschrieben und der Gehalt an solchen Stoffen auf 3% begrenzt. An chemischen Bestandteilen wird qualitativ das Vorhandensein von humusartigen Stoffen ermittelt, wobei nach dem Verfahren von *Abrams*²ᵃ) die Verfärbung von 3%iger Natronlauge unter festgelegten Bedingungen als Maßstab der Bewertung dient. Besonders schädlich für Zementmörtel und -beton ist ein zu hoher Gehalt an Schwefelverbindungen. Diese können in natürlichen Betonzuschlagstoffen als Gips und Pyrit vorkommen. Der Gehalt an Schwefelverbindungen wird daher quantitativ gesondert nach Sulfid- und Sulfatschwefel sowie gegebenenfalls nach wasserlöslichen und salzsäurelöslichen Anteilen bestimmt und darf, berechnet als SO_3 und bezogen auf den trocknen Zuschlagstoff, 1% nicht übersteigen. Um den praktischen Belangen des Bauwesens Rechnung zu tragen, ist vorgesehen, daß in Zweifelsfällen Festigkeitsversuche an Betonwürfeln, die unter Verwendung des betreffenden Zuschlagstoffes in der vorgesehenen Mischung hergestellt sind, gemäß DIN 1048 (Bestimmungen des Deutschen Ausschusses für Eisenbeton, Teil III) durchgeführt werden.

Für künstliche Betonzuschlagstoffe sind je nach der Art andere Maßstäbe anzulegen. So vermögen sich erfahrungsgemäß die in Hochofenschlacke aus der Verhüttung von Eisen enthaltenen Sulfide unter den üblichen praktischen Verhältnissen — auch bei Wasserbauten — nicht in wesentlichem Maße zu Sulfaten zu oxydieren³). Daher können solche Schlacken auch bei höherem Sulfidschwefelgehalt als 1% unbedenklich verwendet werden⁴). Hochofenschlacke aus der Verhüttung von Bleierzen bedarf dagegen besonderer Untersuchung und Bewertung. Schon kleinste Bleimengen, die sich im Anmachewasser lösen, sind von schwerwiegendem Einfluß. Dabei ist die Gegenwart von Bestandteilen des Zements in dem Wasser und deren Einfluß auf die Löslichkeitsverhältnisse zu berücksichtigen.

Bei Kohlenschlacke (Asche) aus Feuerungen u. dgl. ist besondere Vorsicht am Platze⁵), so daß bezüglich der Anforderungen, die bei ihrer Verwendung als Betonzuschlagstoff zu stellen sind, Richtlinien und später Normen sehr erwünscht wären. Zunächst müßten allerdings zuverlässige Verfahren für die Untersuchung auf Gehalt an Knollen ungelöschten, dolomitischen Kalkes, der besonders häufig zu Schäden führt, geschaffen werden. Ein qualitativer Nachweis ist durch Anwendung des *White*schen Reagens vorgeschlagen worden⁶). Auch bezüglich des Gehaltes an Schwefelverbindungen und an verbrennlichen Bestandteilen sind für Kohlenschlacke besondere Festlegungen not-

---

²) Tonind.-Ztg. **61**, 889 [1937].

²ᵃ) Vgl. *A. Kleinlogel*: Einflüsse auf Beton. W. Ernst & Sohn, Berlin 1930. S. 323.

³) *H. Burchartz* u. *E. Deiss*, Arch. Eisenhüttenwes. **8**, 181 [1934/1935]; Mitt. dtsch. Materialprüf.-Anst., Sonderheft XXII, 21 [1936].

⁴) Richtlinien für die Lieferung und Prüfung von Hochofenschlacke als Zuschlagstoff für Beton und Eisenbeton. Zbl. Bauverw. **1931**, S. 760.

⁵) *H. W. Gonell*, Chem. Fabrik **45**, 317 [1932]; Tonind.-Ztg. **60**, 478 [1936].

⁶) Zementkalender **1936**, S. 259.

wendig[7]). Neuerdings hat *F. M. Lea* qualitative Verfahren zur Erkennung ungeeigneter Kohlenschlacke angegeben[8]).

Von den Bindemitteln der Bautechnik sind die Normenzemente (Portland-, Eisenportland- und Hochofenzement) hinsichtlich der Grenzen ihrer chemischen Zusammensetzung seit langem durch das Normblatt DIN 1164 bestimmt. Für Baukalk liegt eine nach ihrer chemischen Zusammensetzung — und ihrem Löschverhalten — abgestufte Begriffsbestimmung vor in dem seit 1927 im Entwurf aufgestellten, aber immer noch nicht abgeschlossenen Normblatt DIN 1060. Die inzwischen über dieses Normblatt geführten Verhandlungen haben bezüglich der auch die chemischen Eigenschaften umfassenden Begriffsbestimmung ihren Niederschlag in der „Anweisung für Mörtel und Beton" (AMB) der Deutschen Reichsbahn von 1936 gefunden.

Ein Baustoff, bei dem die chemische Zusammensetzung eine besondere Rolle spielt, ist das Steinholz. Für dieses bestand bisher nur das Normblatt DIN 272 über die Prüfung von Steinholz aus fertigen Fußbodenbelägen auf physikalische Eigenschaften. Das im Entwurf vorliegende Normblatt DIN E 273 bringt nunmehr auch Grenzwerte für die chemische Zusammensetzung der für die Steinholzbereitung geeigneten kaustischen Magnesia (gebrannter Magnesit)[9]). Hiernach sind folgende Grenzwerte vorgesehen:

Magnesia (MgO)	mindestens	75%
Gesamtkieselsäure (SiO_2)	bis	15%
Erden ($R_2O_3 = Al_2O_3 + Fe_2O_3$)	,,	8%
Gesamtkalk (CaO)	,,	4,5%
Glühverlust ($CO_2 + H_2O$)		
bei Abgang ab Versandstation	,,	9%
bei Verarbeitung auf Baustelle	,,	11%

Die Grenzen für den Glühverlust sollen eine Bewertung bezüglich Art und Dauer der Lagerung ermöglichen und gewährleisten, daß der Magnesit genügend frisch zur Verarbeitung kommt. Die Grenzen für die übrigen Bestandteile sind so gehalten, daß sie auch die schlesischen Magnesite umfassen. Ein Verfahren zur Bestimmung der chemischen Zusammensetzung ist nicht vorgeschrieben, da hier die allgemein üblichen Verfahren genügen.

Die Normung der chemischen Zusammensetzung und Dichte der zur Steinholzbereitung verwendeten Chlormagnesiumlauge ist vorgesehen. Sehr zu begrüßen wäre eine Normung des zulässigen Verhältnisses von $MgCl_2:MgO$ im fertigen Steinholz, da Mängel an Steinholzbelägen häufig auf ein falsches Verhältnis dieser Bestandteile zurückzuführen sind und die Bewertung der Zusammensetzung solcher Beläge bisher auf Erfahrungswerte angewiesen ist.

Ein äußerst wichtiges Gebiet chemischer Baustoffprüfung ist die Ermittlung der Widerstandsfähigkeit gegen chemische Einflüsse. Kaum ein Gebiet ist so umstritten wie dieses. Man braucht nur einmal an die verschiedenen Ergebnisse und Beurteilungen der chemischen Widerstandsfähigkeit von Zementen und von Beton sowie Schutzanstrichmitteln für diese zu denken. Vor allem spielt neben der Art der angreifenden Flüssigkeit die Probenform — gleiche Zusammensetzung und Verarbeitung des Betons vorausgesetzt — eine wesentliche, meist nicht genügend beachtete Rolle. Hier liegen ähnliche Fragestellungen

---

[7]) Vorschläge an dem zu 6) angeführten Ort.
[8]) *F. M. Lea*, Bull. Dep. Sci. Ind. Res., Building Research **1936**, Nr. 5 (Referat: Zement **26**, 322 [1937]).
[9]) Tonind.-Ztg. **61**, 369 [1937].

bezüglich der Versuchsausführung vor wie bei Korrosionsversuchen an Metallen.

Für die Prüfung von Hartbranntklinkern, Wandplatten u. dergl. auf chemische Widerstandsfähigkeit haben sich gewisse Übereinkunftsverfahren herausgebildet, die einer Normung schon bald zugänglich sein würden. Eine solche ist jedoch bisher nicht in Angriff genommen.

Für die Prüfung von Emails auf Widerstandsfähigkeit gegen chemischen Angriff liegt bereits ein Entwurf vor[10]). Die Normungsarbeiten auf dem Gebiet des Glases seien lediglich erwähnt.

Eine Anzahl chemischer Untersuchungsverfahren und einige Grenzwerte für die chemische Zusammensetzung von Baustoffen haben somit neuerdings Eingang in die Normung gefunden. Auf vielen Gebieten muß noch Entwicklungsarbeit geleistet werden, um auch auf diesen eine entsprechende Normung zu erreichen, wozu es wie stets wieder der bereitwilligen Gemeinschaftsarbeit aller beteiligten Kreise (Erzeuger, Verbraucher, Wissenschaftler und Prüftechniker) bedarf. [51.]

---

[10]) Vgl. *W. Dawihl*, Chem. Fabrik **9**, 15 [1936].

Ziegel-Mörtel-Mauerwerk

Von

Professor Dr.-Ing. habil. Kristen

Leiter der Abteilung Baugewerbe
im Staatlichen Materialprüfungsamt Berlin-Dahlem

Versuchsergebnisse über die Widerstandsfähigkeit belasteter Steineisendecken gegen Feuer.

Über die Widerstandsfähigkeit von Baustoffen und Bauteilen gegen Feuer und Wärme sind namentlich mit Rücksicht auf die Belange des Luftschutzes neue verschärfte Bestimmungen aufgestellt worden (DIN 4102, Blatt 1 bis 3), die für Preußen durch Erlaß vom 30. August 1934 (Baupolizeiliche Bestimmungen über Feuerschutz) bindend geworden sind. Während in dem alten Erlaß des ehemaligen Ministers für Volkswohlfahrt vom 12. März 1925 Steineisendecken als feuerbeständig angesehen werden konnten, gelten nach dem neuen Erlaß ohne besonderen Nachweis nur noch Decken aus **vollfugig in Kalkzementmörtel gemauerten Steinen** (Mauerziegeln, Kalksandsteinen usw.) **ohne Hohlräume** von mindestens 12 cm Dicke als feuerbeständig. Hiermit sind also die Steineisendecken nicht mehr als feuerbeständig anzusehen. Um unnötige Härten zu vermeiden, ist ein Zwischenerlaß vom 6. April 1935 betr. feuerbeständige **Hohlsteindecken** erschienen, der so lange in Kraft bleiben soll, bis die Ergebnisse von Brandversuchen, die in Berlin-Dahlem durchgeführt werden, vorliegen.

Der Erlaß besagt, daß bis auf weiteres an Stelle von feuerbeständigen Decken Hohlsteindecken für Wohn- und Bürogebäude ausgeführt werden können, die folgende Mindestforderungen erfüllen:

a) Steine: 10 cm Höhe und 1,5 cm Wanddicke,
b) Putz: 1,5 cm dick, Mischungsverhältnis 1:2:8 Rtl. auf Zementmörtelvorwurf oder eine Rabitzdecke,
c) Träger: bei Stelzung feuerbeständige Ummantelung der Unterflansche,
d) Überbeton: 3 cm dick oder 3 cm dicker Estrich oder 8 cm dicke Koksasche.

Durch die Versuche sollten folgende Fragen geklärt werden:

1. Ist die Durchwärmung der Decken an der Oberfläche größer als die zulässige von 130°?
2. Behalten die belasteten Decken (Nutzlast) beim Brandversuch eine ausreichende Tragfähigkeit, werden insbesondere die Stahleinlagen in der Zugzone durch die Überdeckung ausreichend gegen zu starke Erwärmung geschützt, so daß sie nicht an Festigkeit verlieren?

Die „Tragfähigkeit" soll dabei nach Wedler so verstanden werden, daß die Decken während des Brandes ohne zu große Durchbiegung d i e Belastung tragen, für die sie unter Ausnutzung der zulässigen Spannungen bemessen sind.

Die Versuche wurden auf Veranlassung des Deutschen Ausschusses für Eisenbeton durchgeführt und von der deutschen Ziegelindustrie finanziell unterstützt. Die Versuche sind noch nicht vollständig abgeschlossen, doch ist schon aus den bisher vorliegenden Ergebnissen zu ersehen, daß fast alle Decken eine der Forderungen für Feuerbeständigkeit „Durchwärmung an der dem Feuer abgekehrten Seite nicht größer als 130⁰" erfüllen. Ferner hat sich ergeben, daß die Tragfähigkeit der Decken nur dann gesichert ist, wenn die Rundstahleinlagen in der Zugzone genügend geschützt sind. Bisher in ähnlicher Weise durchgeführte Versuche brachten insofern völlig falsche Ergebnisse, als die Decken immer ohne Belastung geprüft waren.

Einige Abbildungen erläutern die Ergebnisse. Bild 1 zeigt die Einheitstemperaturkurven, nach der die Temperatur im

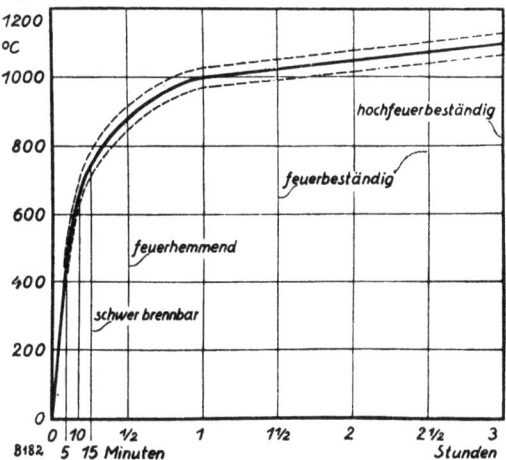

Bild 1. Einheitstemperaturkurve für Brandversuche.

Brandraum geregelt wird. Gleichzeitig sind auf dem Bilde die neuen Begriffe „schwer brennbar", „feuerhemmend", „feuerbeständig" und „hochfeuerbeständig" mit Brenndauer und vorgeschriebener Höchsttemperatur eingetragen. So sind z. B. für den Begriff „feuerbeständig", der für die Steineisendecken in der Regel verlangt wird, 1½ Stunden Brenndauer und eine Höchsttemperatur von etwa 1025⁰ vorgeschrieben.

Bild 2 zeigt das Verhalten von Rundstählen bei verschiedenen Temperaturen. Diese Stähle wurden in den Decken ver-

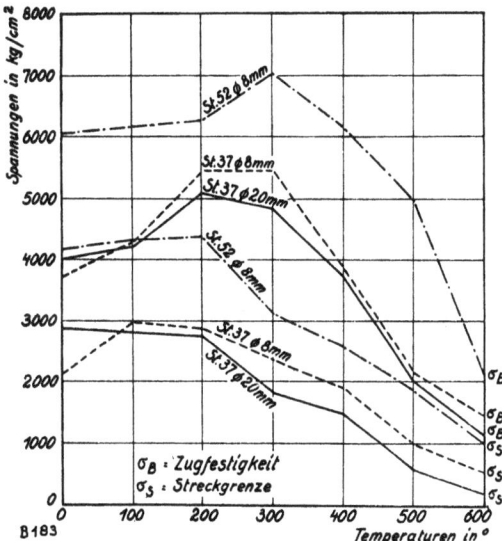

Bild 2. Verhalten von Rundstählen bei verschiedenen Temperaturen.

wendet und ihre Streckgrenze und Zugfestigkeit festgestellt. In den unteren drei Kurven sind die Streckgrenzen von Stahl 37, Durchmesser 8 mm, und hochwertigem Baustahl (Stahl 52), Durchmesser 8 mm, dargestellt. Letztere steigt zunächst bis 200⁰ etwas an, fällt dann aber stark ab. Bei der für den Stahl durch die gewählte Belastung auftretenden Spannung von 1200 kg/cm² tritt etwa bei 500° die kritische Temperatur auf, da hier die Spannung gleich der zu dieser Temperatur gehörigen plastischen Grenze ist. Der Stahl muß also gegen eine solche Wärme genügend geschützt werden.

In Bild 3 ist die Widerstandsfähigkeit einiger Decken vergleichsweise aufgetragen. Aus dem Bilde geht z. B. hervor, daß eine Vergrößerung der Betonüberdeckung der Stahleinlagen

Steinsorte	Dicke der Decke cm	Dicke des Estriches cm	Überdeckung der Stahleinlage cm	Putz	Brenndauer in Minuten	Bemerkungen
Kleine	10	3	1	nein	35	
Kleine	10	3	1	ja	90	nicht zerstört
Kleine	10	3	2	nein	23	ganze Nutzlast / Decken auf 2 Stützen
Kleine	10	3	2	nein	60	halbe Nutzlast
Kleine	10	3	2	nein	90	unbelastet
Kleine	15	—	1	nein	25	
Kleine	10	—	1	nein	90	Decke auf 4 Stützen, Belastung der Endfelder
Elton	15,5	2	1	ja	90	Decke auf 2 Stützen
Hoyer	21	—	1	ja	90	Bimssteindecke zwischen I P 14
Nova	12	—	1	nein	90	Decke zwischen I P 16
Röseler	10,5	—	1	ja	90	Decken auf 2 Stützen
Tweemax	12	5	1	nein	90	

Bild 3. Widerstandsfähigkeit belasteter Steineisendecken gegen Feuer.

bei den Decken Kleinescher Art auf zwei Stützen von 1 auf 2 cm nichts bringt. Sobald diese Decken aber einen 1½ cm dicken Putz aus Kalkzementmörtel 1 : 2 : 8 Rtl. an der Unterseite erhalten, entsprechen sie dem Begriff „feuerbeständig", da die Brenndauer sofort auf über 90 Minuten ansteigt. Bei den gleichen Decken auf vier Stützen haben auch die unverputzten Decken den Anforderungen genügt. Bei einigen Decken mit Sondersteinen, die unten eine Tonnase besitzen, haben auch die unverputzten Decken die Anforderungen erfüllt.

Bild 4. Untersicht einer belasteten Steineisendecke nach dem Versuch.

Die Bilder 4 und 5 zeigen einige Decken nach dem Brandversuch.

Aus den Ergebnissen ist schon jetzt zu ersehen, daß es möglich ist, auf verhältnismäßig einfache und wirtschaftlich tragbare Weise die Steineisendecken so zu bauen, daß sie den Anforderungen des Begriffes „feuerbeständig" genügen.

Ergebnisse von Versuchen über die Widerstandsfähigkeit von ummantelten Stahlstützen unter Last gegen Feuer.

Für den Luftschutz spielt die Frage der Feuerwiderstandsfähigkeit ummantelter Stahlkonstruktionen eine große Rolle. Bisher waren Versuche, ummantelte Stahlstützen unter Last zu prüfen, daran gescheitert, daß es in Deutschland keine Möglichkeit gab, derartige Bauteile zu untersuchen. Mit Unterstützung des Deutschen Stahlbauverbandes, namentlich durch die tatkräftige Hilfe von Dr.-Ing. Klöppel vom Deutschen

Bild 5. Brandversuch mit einer durchlaufenden Steineisendecke.

Stahlbauverband, war es endlich möglich, im Staatlichen Materialprüfungsamt Berlin-Dahlem ein derartiges Brandhaus herzustellen (siehe Bild 6).

Der Deutsche Stahlbauverband hat in den vergangenen zwei Jahren ein großzügiges, umfangreiches Versuchsprogramm mit den verschiedensten Ummantelungsarten durchgeführt. Einen kurzen Überblick über einen Teil der Versuche bringen die Bilder 7 und 8.

Es wurden in der Hauptsache zweiteilige Stützen gewählt, die in der Praxis sehr häufig genommen werden[1]. Die Stützen mit dem Schlankheitsgrad $\lambda = 65,5$ haben eine Knickspannung von 2360 kg/cm². Der Knickbeiwert ist $w = 1,332$. Die Belastung der Stützen wurde konstant auf 600 kg/cm² gehalten, was einer

---

[1] Siehe Klöppel, Brandversuche mit verschiedenartig ummantelten Stahlstützen. Sonderausgabe der Zeitschrift „Feuerschutz" 1936.

Knickspannung von 1,332 × 600 = ∞ 800 kg/cm² entspricht. Einige Stützen sind auch mit steigender Belastung geprüft worden. Die Temperaturen im Brandraum und an verschie-

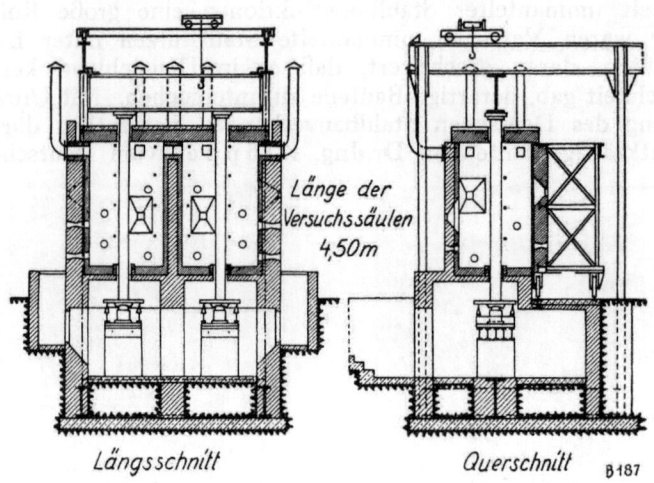

Bild 6. Brandhaus für Versuche mit Bauteilen unter Belastung.

denen Stellen der Stützen wurden mit Thermoelementen gemessen. Bild 9 bringt einige Ergebnisse über die Widerstandsfähigkeit einiger ummantelter Stahlstützen gegen Feuer.

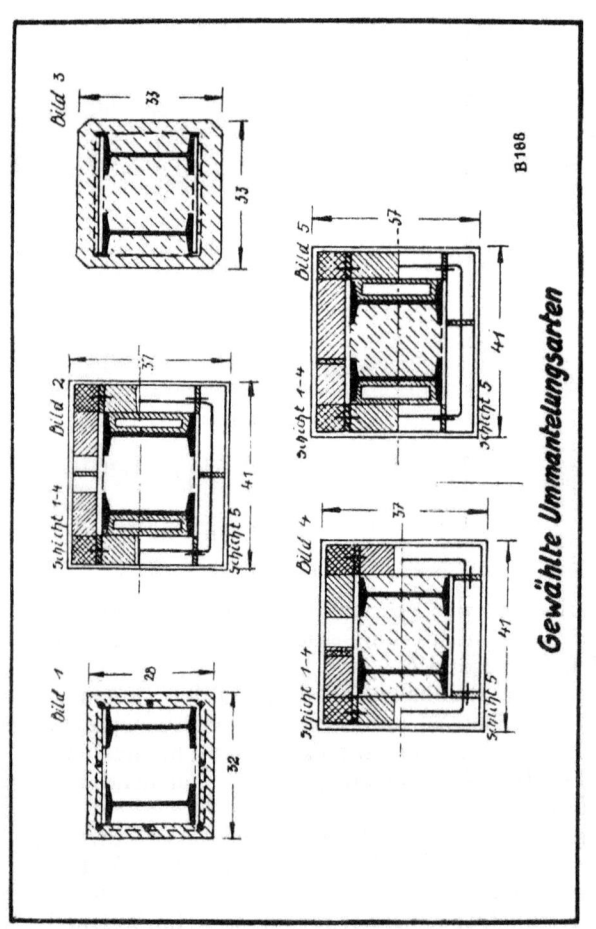

Bild 7. Gewählte Ummantelungsarten.

Aus Bild 9 geht hervor, daß die mit Mauerziegeln geschützten Stahlstützen ohne Kernfüllung feuerbeständig sind. Der Fugenmörtel war Kalkzementmörtel 1:2:8 Rtl., der Putzmörtel 1,5 cm dicker Gipskalkmörtel. In den Horizontalfugen lagen übereck Rabitzdrahtgewebestreifen von 15 cm Länge, 6,5 cm Breite und 1 mm Dicke. **Bei den Hohlsteinen spielen die Höhe des Brenngrades und die Art des Tones wahrscheinlich eine große Rolle.**

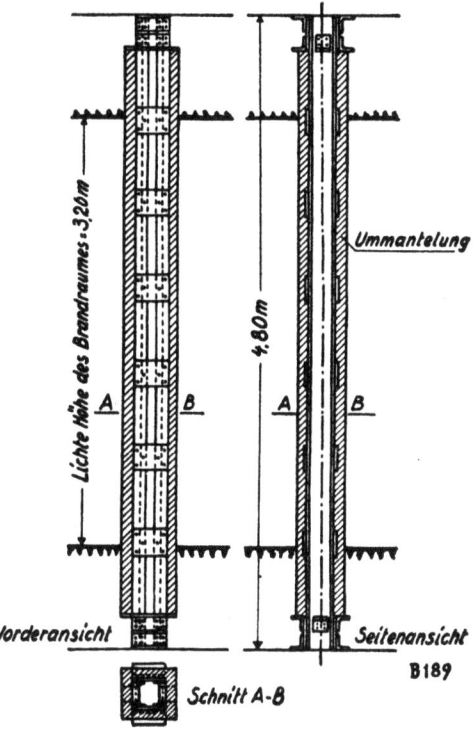

Bild 8. Stahlstützen für Brandversuche.

Zu scharf gebrannte Hohlsteine schneiden am schlechtesten ab. In den Bestimmungen ist bisher die Temperatur allseitig feuerbeständig ummantelter Bauteile auf 250° festgelegt. Das Ergebnis der Versuche hat gezeigt, daß diese Zahl wenigstens für Stahlstützen zu niedrig gegriffen ist, da die Tragfähigkeit bei 250° noch nicht gelitten hat. Am besten hat sich bei allen

Nr.	Art der Ummantelung	Kern ausgefüllt	Ausknickung nach Minuten
1	nicht ummantelt	nein	11
2	nicht ummantelt	ja	20
3a	Hohlziegel 6,5 cm dick Putz 1,5 cm dick	nein	40
3b		ja	>180
4a	Mauerziegel 4,5 cm dick Putz 1,5 cm dick	nein	130
4b		ja	90
4c[x]		ja	230
5a	Bimssteine 6,5 cm dick Putz 1,5 cm dick	nein	>180
5b		ja	>180
5c[x]		ja	310
6	Rabitzputz	nein	70
7	Kalksteinbeton (3 cm Flanschbedeckung)	ja	300

[x] Drahtgewebe in den Lagerfugen

Bild 9. Widerstandsfähigkeit belasteter ummantelter Stahlstützen gegen Feuer.

Stützen ein dichter Putz bewährt, wie es sich auch bei den geputzten Steineisendecken gezeigt hat. Die Bilder 10, 11 und 12 zeigen das Aussehen einiger Stahlstützen nach dem Brande.

Bild 10. Brandversuche mit ummantelten Stahlstützen (ohne Kern).
Ummantelung: 6,5 cm dicke Mauerziegel mit 1,5 cm dickem Putz. Widerstandsfähigkeit: 130 Minuten. Höchste Temperatur am Stahl: rd. 470°.

Bild 11. Brandversuche mit ummantelten Stahlstützen (Kern: Kiesbeton 1 : 4 Rtl.).
Ummantelung: Mauerziegel 6,5 cm dick mit Putz. Widerstandsfähigkeit: 230 Minuten. Höchste Temperatur am Stahl: rd. 600°.

Versuche über mörtelloses Mauerwerk
(Die „Novadom"-Bauweise.)

Die Erfinder dieser neuen Bauweise sind die Ingenieure Dr.-Ing. Honigmann und Bruckmayer vom Technologischen Gewerbemuseum in Wien. Die Herstellungsweise ist folgende: die Mauerziegel, Hohlziegel usw. werden in einem der üblichen Verbände ohne Stoßfugenabstand mit gebrochenen oder versetzten Stoßfugen, also „Mann an Mann" hingelegt und jede Ziegelschicht mit in der Breite der Mauerziegel geschnittenen Heraklithplatten (Heraklith N) von 1 cm Dicke und bis zu 2 m Länge abgedeckt. Auf diese Platte kommt

Bild 12. Brandversuche mit ummantelten Stahlstützen (ohne Kern). Ummantelung: Bimsstein 6,5 cm dick mit Putz. Widerstandsfähigkeit: 180 Minuten. Höchste Temperatur am Stahl rund 750°.

dann die nächste Ziegelschicht usw. Der fertige Rohbau wird sofort geputzt. Zweckmäßig läßt man jede zweite Heraklithplatte etwas über das Mauerwerk vorstehen, damit der Putz besser haftet. Bei ungeputzten Gebäuden werden auch in die Stoßfugen Stücke von Heraklithplatten eingelegt, die aber dann etwas zurückstehen; die Fugen werden verbrämt.

Die „Novadom"-Bauweise hat überall großes Aufsehen erregt, und auch in der deutschen Fachpresse ist sehr viel „Für und Wider" laut geworden²). Kritisieren ist leicht, und die Geschichte hat gezeigt, daß schon viele bahnbrechende Erfindungen im Anfang von den Zeitgenossen in Grund und Boden verdammt worden sind.

Diese neue Bauweise ist bereits von der Wiener Baupolizei zugelassen, und anerkannte Fachleute, wie z. B. Professor Dr.-Ing. Saliger an der Technischen Hochschule Wien, haben sehr günstige Gutachten abgegeben. Saliger schreibt z. B. in seinem Gutachten:

> „Jeder Fachmann wird vorerst über diese Art von Mauerwerk erstaunt sein, denn er muß sich von der alten Vorstellung einer Mauer trennen, mit deren Begriff der Mörtel als selbstverständlich zugehörig betrachtet wird. Er muß weiter die Tatsache auf sich wirken lassen, daß ein in sich geschlossener, hochstandfester Mauerkörper auch ohne Mörtel geschaffen werden kann."

Die Hauptpunkte aus der Zulassung des Gesetzblattes der Stadt Wien vom 3. 3. 1936 sind folgende:

1. Tragende Mauern sind für alle Gebäude zulässig, die nicht höher als 9 m sind. (Größere Höhen können besonders beantragt werden.)
2. Zum Mauern dürfen nur vorschriftsmäßige Ziegel oder für Hochbauten besonders zugelassene Bausteine verwendet werden. Ausgeschlossen sind Bausteine, die ein Mauergewicht von weniger als 500 kg/m³ ergeben würden.
3. In den Lagerfugen sind Heraklithplatten von etwa 1 cm Dicke einzulegen.
4. Die Mauersteine sind mit möglichst engen Fugen dicht aneinander zu schlichten. Werden aber ausnahmsweise die Steine nicht Mann an Mann verlegt, so sind die Stoßfugen mit einem geeigneten Füllstoff (Bauplatten, Schlackenwolle oder dergl.) auszufüllen.
5. Das Mauerwerk darf so hoch beansprucht werden, als wenn es unter Verwendung von Zementmörtel hergestellt wäre.
6. Außenmauern sowie Mauern, die verschiedene Wohnungen usw. trennen, sind beiderseits zu verputzen; wenn die Stoßfugen mit einem geeigneten Stoff ausgefüllt sind, genügt es, sie zu verbrämen. Der Innenputz kann auch durch Bauplatten ersetzt werden.
7. Tragende Mauern sind in der Höhe jeden Geschosses mit einem durchlaufenden Betonrost von mindestens 15 cm Höhe abzudecken, der auch als Deckenauflager verwendet werden kann. Durch diesen Rost dürfen Rauch und Luftabzüge geführt werden. Die Schließeisen für die Mauerwerkverhängung sind in der Regel in den Rost zu verlegen.
8. Das Grundmauerwerk ist mindestens bis auf eine der Sohlenbreite gleiche Höhe aus üblichem Vollmauerwerk oder Beton herzustellen.
9. Rauchfänge dürfen nur dann aus Mauerwerk dieser Bauart errichtet werden, wenn fugenlose Rohre eingebaut werden.

Die Vorteile der Novadombauweise sollen u. a. folgende sein:

Höchste Druck- und Standfestigkeit,
Erhöhter Wärme-, Schall-, Erschütterungsschutz,
Arbeitsersparnis bis zu 60 % in halber Bauzeit,
Sofort 100 %ig trocken, gesundes Wohnen,
Sofort bezugsreif,

---

²) Vgl. Tonindustrie-Zeitung 1936, Nr. 40, 41, 42, 53, 64, 77, 85, 102; 1937 Nr. 14.

Leicht versetzbar und umbaubar,
Bauen zu jeder Jahreszeit,
Wiederverwendung der Steine usw.

In Berlin=Dahlem ist ein großes Versuchsprogramm vor kurzer Zeit in Angriff genommen worden, und an dieser Stelle sei besonders der Stiftung zur Förderung von Bauforschungen, Ministerialrat Prof. Dr.=Ing. Schmidt und Oberreg.=Rat Meyer für die finanzielle Unterstützung gedankt. Das Reichsluftfahrt=ministerium, Ministerialrat Löfken und sein Mitarbeiter, Dipl.=Ing. Winter, hat für die Versuche, soweit sie in das luft=schutztechnische Gebiet fallen, regstes Interesse bekundet, die Kosten dieser Versuche, die umgehend eingeleitet werden, in großzügiger Weise übernommen und den Vorsitzenden des Reichsbauausschusses Profesor Dr.=Ing. Siedler mit der Durch=führung der Versuche im Einvernehmen mit Berlin=Dahlem beauftragt. Auch die Fachgruppen Kalkindustrie, Ziegelindu=strie, Kalksandsteinindustrie und die Heraklith A.=G. haben sich finanziell oder durch kostenlose Lieferung von Material an den Versuchen beteiligt.

Bisher liegen erst die Ergebnisse einiger V o r v e r s u c h e vor, über die im Folgenden berichtet wird.

1. Druckfestigkeit bzw. Tragfähigkeit des Mauerwerkes.

Bekanntlich entstehen (wie auch Saliger in seinem Gut=achten sagt) in jedem lotrecht auf Druck beanspruchten Körper in der Querrichtung waagerechte Zugbeanspruchungen. Die Druckfestigkeit bzw. Tragfähigkeit eines Mauerwerkkörpers ist eine Funktion seiner Zugfestigkeit. Je größer daher die Zug=, Haft= und Schubfestigkeit eines Mörtels ist, desto größer

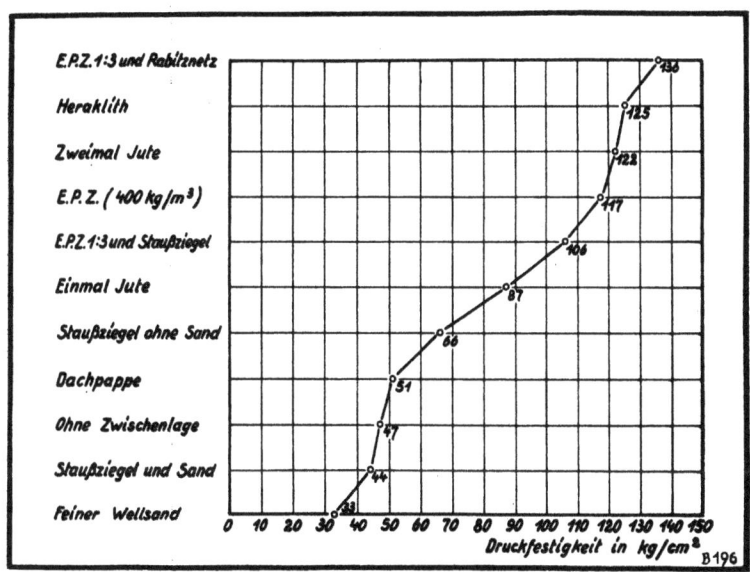

Bild 13. Druckfestigkeit (Tragfähigkeit) von mit verschiedenem Lager-fugenmaterial hergestellten Mauerwerkkörpern 65 : 65 : 25 cm.

wird bekanntlich bei gleichem Steinmaterial auch die Trag=fähigkeit. „Maßgeblich für die Eignung eines Stoffes zur Lager=fugenfüllung", sagten sich die Erfinder Dr. Honigmann und Bruckmayer, „sind die Zugfestigkeit, die Schubfestigkeit und die Möglichkeit der Verbindung mit dem Mauerziegel an den Grenzflächen zwischen Lagerfugenmaterial und Ziegel sowie die Möglichkeit, die unebene Auflage des Steines auszugleichen". Sie führten Versuche mit Mauerwerkkörpern 65 × 65 × 25 cm mit verschiedenem Fugenmaterial durch und stellten fest, daß sich Heraklithplatten besonders zur Fugenausfüllung eigneten, da sie die erforderliche Zug- und Schubfestigkeit in hohem Maße besitzen. Bild 13 bringt die Ergebnisse der Versuchsreihe der Wiener Forscher.

Auf Grund dieser Versuche hat die Wiener Baupolizei erlaubt, daß das Mauerwerk so hoch beansprucht werden darf, als wenn es unter Verwendung von Zementmörtel hergestellt wäre. Nach den österreichischen Vorschriften sind die höchsten zugelassenen baumäßigen Belastungen bei Mauerziegeln in Zementmörtel 12 kg/cm², während nach den deutschen Bestimmungen augenblicklich bei Verwendung von Mauerziegeln

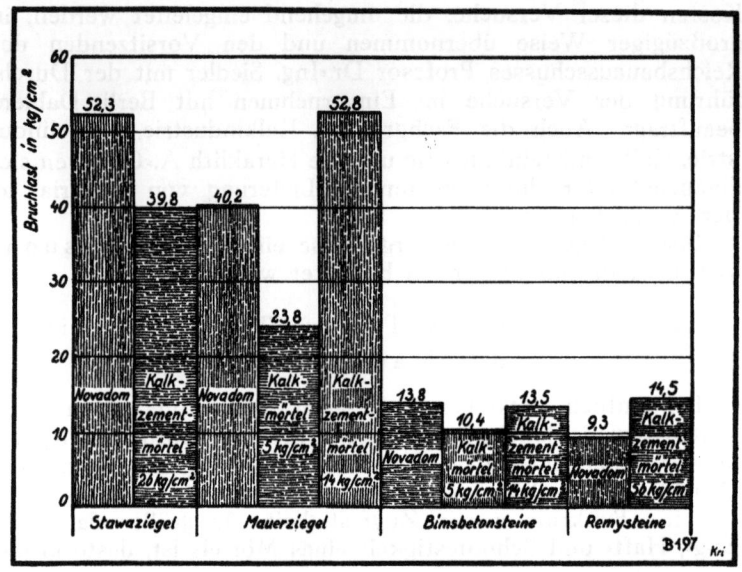

Bild 14. Tragfähigkeit in kg/cm² von 1 m hohen Mauerwerkkörpern mit und ohne Mörtel.

1. Klasse und Kalksandsteinen mit einem Kalkzementmörtel von 1 : 2 : 8 in Rtl. im Mauerwerk mit einer zulässigen Druckspannung von 14 kg/cm² und bei Verwendung von Hartbrandziegeln und Kalksandhartsteinen mit 18 kg/cm² gerechnet werden kann. Für reinen Zementmörtel ist in Verbindung mit Klinkern eine Druckspannung von 35 kg/cm² zugelassen.

Bild 14 zeigt zum Vergleich einige Versuche aus Dahlem, die in letzter Zeit durchgeführt sind.

In den Bildern 15 und 16 sind Bruchbilder zweier 3 m hoher Körper dargestellt, beide mit Mauerziegeln von der DIN-Festigkeit von rund 210 kg/cm² ausgeführt. Der mit verlängertem Kalkzementmörtel gemauerte Körper (Bild 15) wurde im Alter von 45 Tagen geprüft. Die Festigkeit des Mörtels betrug 35 kg/cm². Hier zeigte der vermörtelte Körper eine Druckfestigkeit von 48 kg/cm² (sein Bruder sogar von 56 kg/cm²), während der Novadomkörper nur 32 kg/cm² erreichte. Die Bruchbilder zeigen beim Mörtelmauerwerk durchgehende Risse, beim Nodavomkörper Zerstörung des einzelnen Steines. Die gesamte Zusammendrückung des Novadomkörpers betrug 27 cm (9 % bezogen auf die gesamte Höhe), die des Mauerziegelkörpers etwa 1,8 cm. Auf die Zusammendrückung wird bei der Besprechung der Setzungen des Mauerwerkes noch näher eingegangen.

Bild 17 zeigt einen 1 m hohen Pfeiler aus 10,4 cm hohen Stawaziegeln in Novadombauweise nach der Belastung.

2. Biegefestigkeit und Reibung.

Nach den Literaturangaben soll die Biegefestigkeit durch die Versetzung der Stöße der einzelnen Heraklithplatten bedeutend höher als bei vermörtelten Körpern und daher besonders gut für die Anforderungen des Luftschutzes sein, da der Querschnitt der Platten in bezug auf die Biegungsrichtung ein großes Widerstandsmoment besitzt und hier auch die hohe Zugfestigkeit des Heraklithmaterials (14 kg/cm²) zur Geltung kommen soll. Diese Biegesteifigkeit soll noch durch Verlegen vertikaler Schließen von Betonrost zu Betonrost erhöht werden. Versuche zur Nachprüfung sind eingeleitet.

Die Reibung zwischen den Heraklithplatten und den Ziegeln ist nach Versuchen von Dr. Honigmann so groß, daß

Bild 15. Mauerwerkkörper nach dem Versuch. Belastung: 48 kg/cm².

zum Verschieben einer 50 cm langen Ziegelschar einer 38 cm dicken unverputzten Mauer bei 3 kg/cm² Belastung 5000 kg erforderlich sind, bei verputztem Mauerwerk wahrscheinlich noch viel mehr. Bei drei aufeinander gelegten Mauerziegeln unter einer Belastung von 3 kg/cm² war zum Herausschieben des mittelsten Ziegels eine Kraft von 1000 kg erforderlich.

In Berlin-Dahlem ist zur Nachprüfung ein Versuch durchgeführt worden, dessen Grundprinzip aus der Darstellung in Bild 18 ersichtlich ist. Die Größe des Prüfkörpers betrug 200 × 200 × 38 cm, die Belastung 3 kg/cm².

Die getroffene Fläche der Wand zeigte nach 10 Schlägen aus 1 m Entfernung eine 1 bis 2 cm, nach weiteren 10 Schlägen aus 1,5 m Entfernung eine 2 bis 4 cm waagerechte Verschiebung

Bild 16. 3 m hoher Pfeiler aus Mauerziegeln mit 40 He.Pl. Belastung: 32 kg/cm². Zusammendrückung: 27 cm.

Bild 17. 1 m hoher Pfeiler aus Stawaziegeln mit 10 He.Pl. Belastung: 32 kg/cm². Zusammendrückung: 5 . 3 cm.

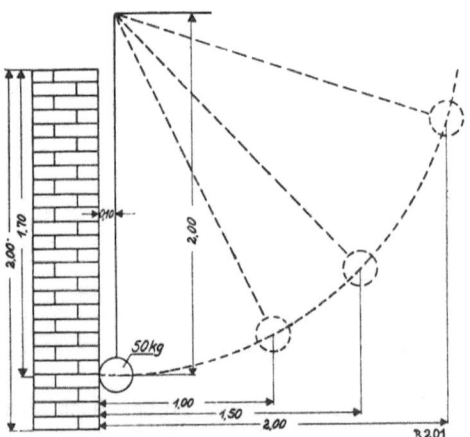

Bild 18. Pendelschlagversuch am Novadommauerwerk.

und wurde nach 10 weiteren Schlägen aus 2 m Entfernung glatt durchschlagen. Ob ein Mauerwerkkörper mit Mörtel einen größeren Widerstand leistet, muß erst noch festgestellt werden.

3. Wärmeschutz.

Der Wärmeschutz ist nach Mitteilung der Erfinder um 80 % besser als bei Mörtelmauern, da der Mörtel ein guter Wärmeleiter ist.

Der Wärmedurchgang einer 25 cm dicken Novadommauer soll einer 45 cm dicken Mörtelmauer, eine 38 cm Novadom einer 69 cm dicken Mörtelmauer entsprechen, und die Wärmespeicherung einer 38 cm dicken Novadomwand soll der einer 51 cm dicken Mörtelwand gleichkommen.

Bei einem in Berlin-Dahlem mit einer 38 cm dicken Wand von 200 . 200 cm aus Kalksandsteinen unter 3 kg/cm² Belastung durchgeführten Vorversuch entsprach der Wärmeschutz der Novadomwand etwa dem einer 38 cm dicken Vollziegelmauer.

4. Die Körperschalldämmung

ist nach einem Gutachten von Professor Hofbauer, Wien, so groß, daß nach wenigen Ziegelscharen der Schall schon absorbiert ist, während Ziegelmauerwerk den Schall und Erschütterungen ungedämmt fortleiten soll. Eine in Novadommauerwerk ausgeführte Mauer zeigte schon nach 1 m aufgehendem Mauerwerk eine Körperschalldämmung von 35 Phon, während eine vermörtelte Mauer der gleichen Höhe noch keine nachweisbare Dämmung erkennen ließ. Das Trockenmauerwerk ist daher als „körperschallsicher" zu bezeichnen. Der Schalldurchgang erwies sich bei beiden Bauarten als gleich. Versuche sind eingeleitet.

5. Brandversuch.

In Wien wurde ein geputzter Mauerpfeiler von 51 . 61 . 275 cm mit 32 Heraklithplatten von 1 cm und einem Aufbeton von 25 cm Dicke als Belastung (0,1 kg/cm²) eine Stunde lang einem Feuer von 1300 kg Fichtenholzscheiten ausgesetzt. Es wurde eine Temperatur von 1200° erreicht; der Pfeiler war rotglühend. Risse im Putz entstanden erst beim Ablöschen, auch trat kein Abfall des lockeren Putzes wie bei sonstigen Pfeilern ein. Die Heraklithplatten waren nur so weit verkohlt, wie sie in den Putz hineingeragt hatten. Das Mauerwerk wurde als „feuerbeständig" auf Grund des Versuches anerkannt.

In Berlin-Dahlem wurde ein Mauerwerkkörper aus Kalksandsteinen mit 1,5 cm dickem Putz auf Feuerbeständigkeit nach der Einheitstemperaturkurve (90 Min. 1000°) geprüft. Bei dem Versuch zeigten sich nach 55 Minuten Risse im Putz, die sich nachher ständig erweiterten. Die Erwärmung an der dem Feuer entgegengesetzten Seite war sehr gering, sie erreichte, gemessen in der Dicke von 13 cm, nur 100°, von 25 cm Dicke 25°, von 38 cm Dicke etwa 10° (zulässig 130°). Der Putz haftete nach 90 Minuten noch größtenteils lose an, die Heraklithplatten waren bis zu einer Tiefe von 5 cm verbrannt, die Steine nur an der Oberfläche etwas zermürbt. Die Wand ist also auch nach deutschen Begriffen als feuerbeständig zu bezeichnen. Nach den deutschen Bestimmungen (DIN 4102) gilt schon eine 12 cm dicke Wand aus Vollziegeln als „feuerbeständig".

6. Setzungen.

Die Erfinder sagen über die Setzungen folgendes. „Ist die endgültige baumäßige Belastung nach der Fertigstellung erreicht, so hat die Zusammendrückung des Mauerwerks genau die angegebenen Werte (gemeint sind durch Versuche festgelegte Werte). Das Mauerwerk setzt sich nicht weiter nach. Die Setzungen weichen **nicht wesentlich** von denen des üblich vermörtelten Mauerwerkes ab. Während diese jedoch nach Beendigung des Mauerns in ihrer Größe unveränderlich feststehen, kommen die des Mörtelmauerwerkes mit nicht genau vorhersagbarer Größe zum Teil erst einige Zeit nach Fertigstellung des Baues zur Geltung. Es ist ein wesentlicher

Vorteil der Novadom=Trockenbauweise, daß bei derselben mit genau bekannten Setzungen von vornherein gerechnet werden kann. Die Verschließung jeder einzelnen Ziegelschar durch die 2 m langen Heraklith=Novadom=Platten sichert das Nova=

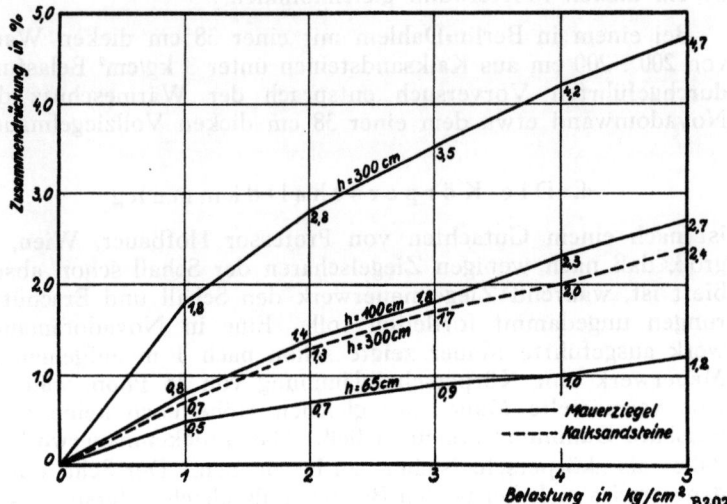

Bild 19. Zusammendrückung von Mauerwerkkörpern bei steigender Belastung, gemessen in % der ursprünglichen Höhe.

dommauerwerk außerdem vor dem Auftreten von Rissen und Sprüngen bei Setzungen des Untergrundes."

Die Versuche der Wiener Erfinder beziehen sich auf 65 cm hohe Körper; daß auch schon Erfahrungen an Hand der aus= geführten Gebäude vorliegen, dürfte bei der erst kurzen Lebens= dauer der neuen Bauweise nicht wahrscheinlich sein.

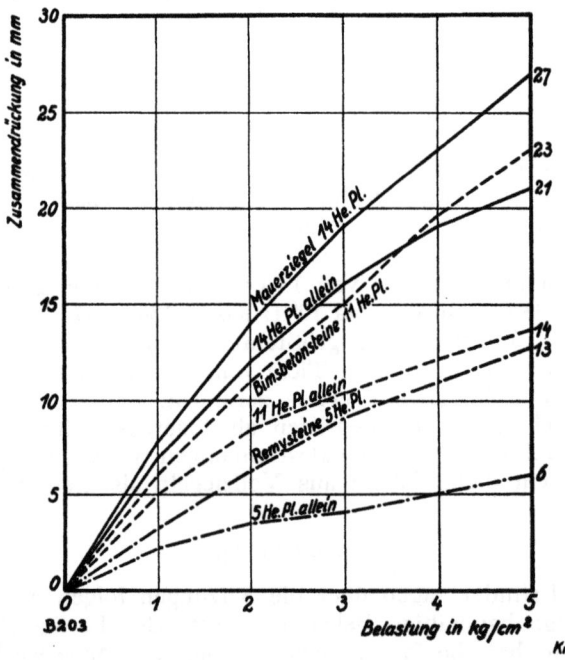

Bild 20. Zusammendrückung 1 m hoher Mauerwerkkörper (Novadom).

Das Ergebnis eingehender Vorversuche in Berlin=Dahlem bringt Bild 19.

Wie schon erwähnt, haben die Erfinder lediglich an 65 cm hohen Mauerwerkkörpern Messungen durchgeführt. Ferner werden sie wahrscheinlich mit ausgesuchtem sortierten Stein=

material gearbeitet haben. Die Setzungen infolge von Belastung richten sich einerseits nach der Höhe der Mauer, also nach der Anzahl der verwendeten Heraklithplatten, und anderseits auch nach den Abweichungen der Abmessungen der einzelnen

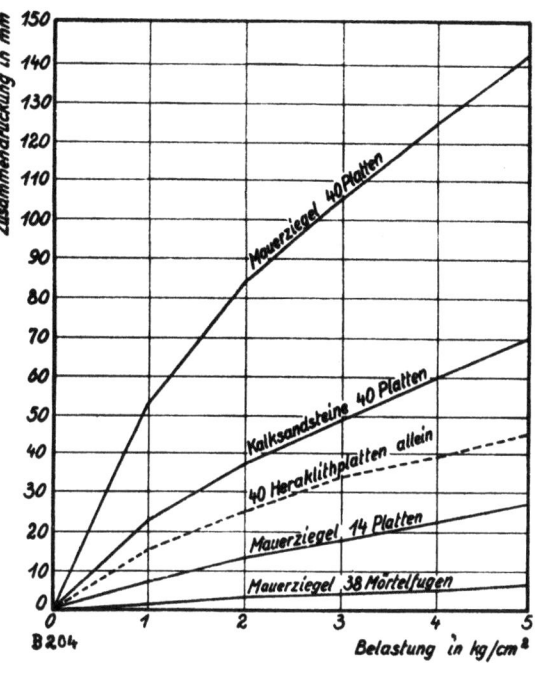

Bild 21. Zusammendrückung 3 m hoher Mauerwerkkörper (Novadom).

Ziegel, die nach den deutschen Normen DIN 105 bis zu 10 mm in der Länge, 5 mm in der Breite und 3 mm in der Höhe abweichen dürfen und bei den in Berlin im Handel käuflichen Mauerziegeln wohl kaum von diesen zulässigen Maßen abweichen.

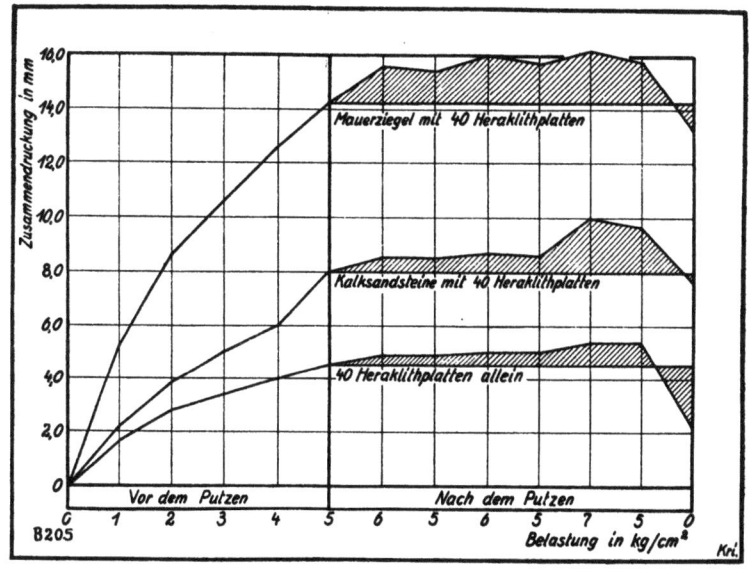

Bild 22. Zusammendrückung 3 m hoher Mauerwerkkörper (Novadom) bis 5 kg/cm² belastet, dann geputzt, nach 28 Tagen zwischen 5 und 7 kg/cm² be- und entlastet.

Die untere Kurve auf dem Lichtbild zeigt die von den Wiener Forschern angegebenen Zahlen, die bei 5 kg/cm² Belastung bei einem 65 cm hohen Körper 1,2 % der ursprünglichen Höhe betrugen. Schon der 1 m hohe Körper aus Berliner

Mauerziegeln kommt auf 2,7 %, der 3 m hohe Körper aus Berliner Mauerziegeln (Handstrichziegeln) auf 4,7 % der ursprünglichen Höhe, also beinahe auf das Vierfache des Wiener Körpers. Bei dem 3 m hohen Körper aus gleichmäßigem Kalksandsteinmaterial sinkt die Zahl auf 2,4 cm. Aus diesem letzten Versuch ist zu ersehen, daß es ein gewaltiger Unterschied ist, ob 65 cm hohe Körper mit etwa 9 Heraklithplatten oder 3 m hohe Körper mit etwa 40 Heraklithplatten auf eine im Mauerwerk vorkommende Belastung bis zu 5 kg/cm² zusammengedrückt werden. An den Kurven in Bild 20 ist diese Tatsache besonders gut zu verfolgen.

Hier ist der Einfluß der Anzahl der Heraklithplatten sehr gut zu erkennen, und ebensogut ist auch zu ersehen, daß die

Bild 23. 3 m hoher Pfeiler aus Mauerziegeln mit 40 He.Pl. vor dem Versuch.

Zusammendrückung einmal von den Heraklithplatten, dann aber auch von den Unebenheiten des verwendeten Steinmaterials abhängig ist.

So hat der Körper mit Mauerziegeln (14 Heraklithplatten) eine Zusammendrückung von 27 mm, während die Platten allein nur auf die Zahl 21 kommen, die 6 mm Unterschied müssen also auf Kosten des Steinmaterials gehen. Noch deutlicher ist dieser Unterschied bei den 3 m hohen Körpern in Bild 21 zu sehen.

Aus Bild 21 geht hervor, daß die Behauptung der Erfinder, daß „die Setzungen des Novadommauerwerkes nicht wesentlich von denen des üblich vermörtelten Mauerwerkes abweichen", durch die Versuche nicht bestätigt wird; denn die Setzung eines 3 m hohen, gemörtelten, 28 Tage alten Mauerwerkkörpers

(1 : 2 : 8 Rtl.) mit 38 Mörtelfugen beträgt nur 0,7 cm gegen 14 cm desselben Novadomkörpers mit 40 Platten. Erinnert werden darf noch daran, daß sich der 3 m hohe Novadom=körper bis zur Bruchbelastung von 32 kg/cm² um 27 cm zu=sammengedrückt hatte.

7. Verhalten von Putz.

Die Körper wurden zunächst bis 5 kg/cm² belastet, um der üblichen Belastung eines fertiggestellten Rohziegelbaues eines 3stöckigen Wohngebäudes etwa zu entsprechen. Daraufhin wurden die Körper in dieser Lage festgehalten und geputzt. Jetzt wurde angenommen, daß die Bewohner einziehen, also die Nutzlast zur Wirkung kommt und vielleicht noch Schneelast

Bild 24. 3 m hoher Pfeiler aus Kalksandstein mit 40 He.Pl.
Belastung: 6 kg/cm².

hinzutritt. Hierfür wurden 1 bis 2 kg/cm² errechnet. Nachdem der Körper 28 Tage alt geworden war, wurde er, wie in Bild 22 dargestellt ist, be= und entlastet. Zwischen Be= und Entlastung wurde immer ¼ Stunde gewartet. Die Entlastung kann damit begründet werden, daß die Bewohner ausziehen oder ein schweres Möbelstück bewegt wird, der Schnee auf dem Dache schmilzt, Bodensenkungen eintreten usw. Die entstehenden Zusammendrückungen an dem geputzten Körper unter der Be=lastung sind in Bild 22 schraffiert wiedergegeben. Die folgen=den Bilder zeigen die Einwirkung der Belastung auf den Putz.

Die Versuche waren sehr schwer durchzuführen, da der Mauerwerkkörper trotz sorgfältigster zentrischer Belastung sofort bei der Belastung ausbog und gestützt werden mußte (s. Bild 23). Sehr gefährlich dürfte sich eine exzentrische Be=lastung auswirken.

Der Pfeiler in Bild 24 bekam schon bei 1 kg/cm² Mehrbelastung und Entlastung einige Putzrisse, wie in Bild 25 besser zu sehen ist. (Vergrößerung des Pfeilers aus Bild 24.)

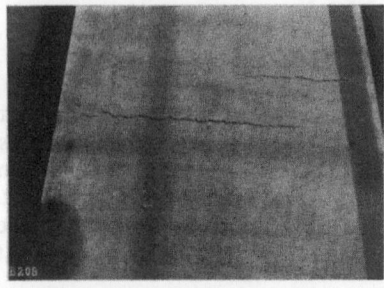

Bild 25. Risse eines geputzten 3 m hohen Pfeilers aus Kalksandstein mit 40 He.Pl. Belastung: 7 kg/cm².

Die nächsten Bilder (26 und 27) zeigen die Wirkung der Be- und Entlastung auf einen 3 m hohen Körper aus Berliner Mauerziegeln.

8. Durchfeuchtung des Mauerwerkes.

Über die Wasserundurchlässigkeit des Novadom-Mauerwerkes wird so gut wie nichts von den Erfindern gesagt. Und gerade hier dürfte wohl die Bauweise ihre empfindlichste Stelle haben. Wer das Buch von Baurat Dr.-Ing. Thein „Regendurchlässigkeit bei Ziegelrohbauten" und die Erfahrungen, die in Hamburg mit Klinkerbauten gemacht sind, kennt, der wird jedenfalls gegen die neue Bauweise in dieser Hinsicht die größten Befürchtungen haben müssen. O. Longworth schreibt in der Tonindustrie-Zeitung, 1936, Nr. 102 auf S. 1263:

Bild 26. Abheben des Putzes bei einem 3 m hohen Pfeiler aus Mauerziegeln mit 40 He.Pl. Belastung: 6 kg/cm².

„Es erscheint technisch schon äußerst bedenklich, daß dieses „neuzeitliche Mauerwerk" in seiner Güte weitgehend von der Dichtigkeit des Putzes abhängt. Doch ist es bei unseren stark wechselnden Witterungsverhältnissen leider nicht einmal selten so, daß wir — trotz „dichten" Zementaußenputzes — häufig genug 38 cm, ja sogar 51 cm dicke Ziegelsteinwände periodisch mit Ölfarbe und anderen Dichtungsmitteln nachzudichten haben."

Ich kann diesen Ausführungen nur zustimmen. Besonders groß sind meine Bedenken bei den unverputzten, nur verfugten Bauten. Die schwachen Stellen sehe ich namentlich in den Fugen zwischen Platten und Mauerziegeln, namentlich in den nicht belasteten Stoßfugen; hier ist die Parallele mit den Klinkerbauten, bei denen das Wasser zwischen Klinker und Mörtelfuge eindrang, vorhanden. Aus den eingehenden Untersuchungen von Dr.-Ing. Cammerer geht hervor, daß die Heraklithplatten selbst erhebliche Mengen von Feuchtigkeit nicht aufsaugen.

Vorversuche, die in Dahlem durchgeführt sind, hatten folgendes Ergebnis.

Versuch 1.

Der Mauerwerkkörper wurde aus Kalksandsteinen mit den Abmessungen von 100 × 100 × 38 cm hergestellt. Heraklithplatten wurden nur in die Lagerfugen gelegt. Als Putz wurde ein Vorwurf von 1 : 3 Rtl. Zementmörtel, dann Kalkzementmörtel 1 : 2 : 8 Rtl., zusammen 1,7 cm dick, gewählt. Der Körper wurde vor dem Putzen mit 3 kg/cm² belastet, in dieser Lage festgehalten und geputzt.

Bild 27. Risse eines geputzten 3 m hohen Pfeilers aus Mauerziegeln mit 40 He.Pl. Belastung: 7 kg/cm².

Die Prüfung fand nach einem Alter von 28 Tagen statt. Der Körper zeigte nach 48 Stunden Berieselung mit Land- und Schlagregen keine Durchfeuchtung. Die Belastung betrug 3 kg/cm². Dann wurde der Körper auf 2 kg/cm² entlastet und wieder mit 3 kg/cm² belastet. Hierdurch entstanden einige waagerechte feine Risse im Putz. Bei der Fortsetzung der Beregnung war nach 30 Stunden der Körper durchfeuchtet.

Versuch 2.

Herstellung der Mauerkörper wie bei Versuch 1. Es wurden aber Heraklithplatten in die Lagerfugen und in die Stoßfugen gelegt und die Stoßfugen 1,5 cm dick verfugt. Die Platten standen etwas zurück. Als Fugenmörtel wurde Kalkzementmörtel 1 : 2 : 8 Rtl. genommen. Nach 5 Stunden (4 Stunden Landregen, 1 Stunde Schlagregen) war etwas Feuchtigkeit an der Rückseite durchgedrungen, die Flecken vergrößerten sich dann zusehends. Ob die Feuchtigkeit durch die Fugen oder durch die Steine gegangen war, konnte nicht einwandfrei festgestellt werden.

Schlußfolgerung.

Die Vorversuche zeigen, daß vorläufig noch Vorsicht bei der Anwendung der neuen Bauweise „Novadom" am Platze ist. Erst die Ergebnisse der Hauptversuche werden ein abschließendes Bild darüber geben, ob die großen Erwartungen, die vielfach auf das mörtellose Mauerwerk gesetzt werden, in Erfüllung gehen.

GEOLOGE UND INGENIEUR BEI DER TECHNISCHEN GESTEINSPRÜFUNG[1].

Von Dr.-Ing. **K. Stöcke**, Staatliches Materialprüfungsamt Berlin-Dahlem.

Die technische Gesteinsprüfung hat ganz allgemein gesehen die Aufgabe, die Güte, d. h. die Brauchbarkeit eines Gesteins für einen bestimmten Verwendungszweck festzustellen. Das Urteil über die Güte eines Stoffes ist daher im Hinblick auf seinen Verwendungszweck stets ein relatives. E. Seidl prägte den Begriff der ,,zweckbedingten Güte"[2].

Im Materialprüfungswesen hat sich herausgebildet, daß von dem zu prüfenden Stoff eine Probe genommen wird und aus dieser bestimmte Prüfkörper angefertigt werden, an denen die physikalisch-technischen Konstanten des betreffenden Stoffes bestimmt werden. Die Verfahren, nach denen diese Werte für die einzelnen Eigenschaften ermittelt werden, sind, nachdem ihre Zweckmäßigkeit erprobt, genormt worden. Hierdurch ist die Gewähr gegeben, daß in allen Prüfanstalten die Untersuchungen unter denselben Bedingungen geschehen. Man ist sich in der Materialprüfung darüber klar, daß nur dann ein Vergleich zwischen den Werten für die einzelnen Eigenschaften (Druck-, Biege-, Scher-, Schlagfestigkeit, Abnutzbarkeit, elastisches Verhalten, Wärmedehnung u. a.) möglich ist, wenn die Proben stets unter gleichen Bedingungen beansprucht werden. Probengröße, -form und -bearbeitung, Härte der Auflagerplatten des Prüfgerätes, Bearbeitung der Auflagerplatten, das Maß der Belastungsgeschwindigkeit, Feuchtigkeitsgrad, Temperatur, alles beeinflußt den Zustand eines Prüfkörpers und den Ablauf der Prüfung und somit das Prüfungsergebnis. Hieraus geht hervor, daß die erhaltenen Werte keine Absolutwerte sind, sondern durch bestimmte festgelegte Umstände bedingte Relativwerte, durch deren Vergleich es möglich ist, die Wertigkeit der untersuchten Stoffe gegeneinander abzustufen.

Der ganze Komplex der Verfahren, die in dieser Weise arbeiten, wird unter dem Begriff ,,Stoffprüfung" zusammengefaßt. Die Verfahren sind hierbei so entwickelt worden, daß sie versuchen, den Beanspruchungen, denen der Werkstoff im Betriebe unterliegt, gerecht zu werden. Andererseits sollen sie aber die Eigenschaften möglichst analysieren und eindeutig erfassen. Die Verfahren ahmen bewußt die Beanspruchungen nicht sklavisch nach, sondern der Gesichtspunkt der eindeutigen Erfassung einer Einzeleigenschaft bei Vermeiden des Überlagerns der Auswirkung verschiedener Eigenschaften steht im Vordergrund[3].

Eine andere Art sich über den Gebrauchswert eines Stoffes ein Bild zu machen ist die, den Stoff als Konstruktionsteil im Betriebe selbst zu beobachten. Kennt man auf diese Art das Verhalten des Konstruktionsteils in der Praxis und sind seine Stoffkonstanten im einzelnen ermittelt worden, so gelingt es, die Brücke zu schlagen zwischen den Versuchsergebnissen, die im Prüfraum gewonnen sind, und der Bewährung des Stoffes im Betriebe. Aus den gesammelten Erfahrungen kann dann geschlossen werden, daß sich ein aus einem bestimmten Stoff gefertigtes Werkstück unter bestimmten Bedingungen in der Praxis in einer sicher vorauszusagenden Weise verhalten wird.

Zwischen beiden Grenzgruppen: der reinen Stoffprüfung und dem Erproben im Betriebe, steht die Gruppe der sog. Konstruktionsprüfungen. Bei diesen wird der zu prüfende Konstruktionsteil oder eine verkleinerte maßstäbliche Probe (z. B. Säule des gleichen Schlankheitsgrades) den Betriebsbeanspruchungen unterworfen und deren Wirkung ermittelt. Mitunter werden die Konstruktionsteile unter möglichster Nachahmung der praktischen Verhältnisse nach festgelegten Verfahren geprüft. Z. B. wird Schotter stets in der Form wie er zum Verbrauch kommt einer Prüfung auf Widerstandsfähigkeit gegen Druck- und Schlagbeanspruchung unterzogen. Auch wenn die Stoffkonstanten hinsichtlich Druckfestigkeit und Schlagfestigkeit bekannt sind, geben diese Werte der Schotterprüfung erst ein abgerundetes Bild über die voraussichtliche Bewährung von Schotter-Gütern.

Zu diesen allgemein gültigen Grundbegriffen tritt bei der Natursteinprüfung noch ein Gesichtspunkt hinzu, der nicht außer acht gelassen werden darf: Bei einem Gestein handelt es sich um ein Naturgebilde, welches schon an seinem Entstehungs- und Gewinnungsort außerordentlich vielseitig in der Beschaffenheit sein kann. Hierdurch gewinnt die **zweckmäßige, auf bestimmte technische Ziele gerichtete Probenahme**[4,5] eine ganz besondere Bedeutung.

Wenn schon die Forderung gestellt werden sollte, daß bei der Prüfung von Naturgestein der Prüfingenieur in der Gesteinskunde durchaus bewandert sein muß, ehe er sich auf dem vielseitigen Gebiet technischer Gesteinsprüfung betätigt, so ist für die Probenahme unbedingt zu fordern, daß diese nur durch einen Geologen, Bergingenieur oder wirklich geologisch geschulten Ingenieur durchgeführt werden darf. Auf einwandfreier Probenahme und hinreichender Beschreibung der Lagerstätten dieses wichtigen und mannigfaltigen Werkstoffes ,,Naturgestein" kann erst eine sinnvolle technische Prüfung im Versuchsraum gegründet werden. Ein gutachtliches Urteil über ein Gesteinsvorkommen und über die zweckmäßige Verwertung des anstehenden und gewonnenen Gesteins ist nur auf diese Weise möglich.

Vielfach behauptet die Praxis, der Bauingenieur kenne seinen Baustoff und die Liefermöglichkeiten eines Stein-

---

[1] Originalveröffentlichung.
[2] Seidl, E.: Güte-Grundsätze. Melliand Textilber. 5 (1936) Heidelberg.
[3] Stöcke, K.: Wie prüft man Straßenbaustoffe? Berlin: Allgemeiner Industrie-Verlag 1932.
[4] Hoppe, W.: Ausgestaltung und Ziele der technischen Gesteinsprüfung. Steinindustrie und Straßenbau 31 (1936).
[5] Breyer, H.: Prüfung von Naturgesteinen. Z. dtsch. geol. Ges. 89 (1937) S. 211.

bruches, eine technische Gesteinsprüfung sei daher mehr oder weniger eine akademische Angelegenheit, ein kleines Spezialgebiet der wissenschaftlichen Gesteinskunde. Unbestreitbar steht fest, daß erfahrene Männer vom Bau, die Herkunftsstätten ihrer Natursteinlieferungen kennen und genau wissen, wie die Gesteine aus verschiedenen Brüchen bzw. verschiedene Gesteinsarten zu bestimmten Zwecken am besten verwendet werden. Sehr oft liegen die Verhältnisse aber so, daß die betreffenden Bauingenieure wohl aus längerer Praxis heraus die Möglichkeiten eines eng umrissenen Steinreviers kennen, daß sie aber sehr in Bedrängnis geraten, wenn sie durch einen äußeren Anlaß (Wechsel des Arbeitsplatzes, Ausschreibungen besonders großer Liefermengen) nicht mehr in der Lage sind, aus diesen, ihnen bekannten Brüchen, zu beziehen. Es soll zwar Fälle geben, in denen der Baupraktiker den ihm bekannten hessischen Basalt nach Süd-Deutschland verfrachten läßt, solche Verfahren dürften aber auf die Dauer weder von wirtschaftlicher, arbeitspolitischer noch von sonst fachmännischer Seite aus gutgeheißen werden.

Andererseits wird aus Kreisen der Stein-Industrie oft hervorgehoben, daß die Stein-Industrie selbst schon dafür Sorge trage, daß ihr Material nur zweckmäßig angeboten wird und auch zweckmäßig Verwendung findet. Auch dieses mag oft zutreffen. Vielfach hat aber der Steinlieferant wohl einen Einfluß auf das Angebot, oft gar keinen Einfluß auf die zweckmäßige Verwendung seines gelieferten Werksteins, Pflasters, Packlage, Schotters und dgl. Er erfährt erst dann wieder etwas von der Steinlieferung, wenn sich das Gestein angeblich nicht bewährt hat. Dann ist es schwierig ohne genaue Kenntnis und ohne die Möglichkeit, Zahlen über die technischen Eigenschaften des Gesteins vorzulegen, zu beweisen, ob das gelieferte Gestein die durch den Verwendungszweck bedingte Güte nicht besitzt oder ob der Bauteil durch unsachgemäße Ausführung und nicht vorgesehene Überbeanspruchung Schaden erlitten hat. Diese Fälle treten in letzter Zeit schon häufiger ein und werden sich bei der gesteigerten Bautätigkeit und bei der auch jetzt schon fühlbaren örtlichen Verknappung bestimmter Gesteine häufen. Oft ist bei dem steigenden Verbrauch von Werksteinen eine Umstellung vom Pflaster-Gewinnung auf Werkstein-Betrieb erfolgt; steigend wird Naturstein an Stelle von Eisen verbraucht. Wo die Erfahrung zur zweckmäßigen Dimensionierung noch fehlt, wird sicherheitshalber „gefühlsmäßig" überdimensioniert, so daß gerade in der Gegenwart genaueste Kenntnis der physikalisch-technischen Eigenschaften aus technisch-wirtschaftlichen Gründen zu fordern ist.

Wie erwähnt, steht und fällt die einwandfreie Gesteinsprüfung mit der einwandfreien Probenahme. Die allgemeinen geologischen Grundregeln sollten hierbei nicht allzusehr als überflüssig hingestellt werden. Gewiß interessiert es den Praktiker bei der Verwendung des Gesteins nicht an sich, ob ein Sandstein aus dem Turon oder Senon stammt. Der den Sandstein kennende, gesteinskundlich geschulte Prüfingenieur und selbstverständlich der Geologe wissen aber, daß vielleicht in diesem Falle der Sandstein der einen Formation grundsätzlich durch besondere Mineralzusammensetzung und Gefügeeigenschaften mehr zu Verwitterungsschäden neigt, als der der anderen Formation. Gerade für Sedimentgesteine haben sich in bestimmten Formationen und Horizonten derartige Erfahrungstatsachen aus langjährigen Beobachtungen angesammelt, die nicht außer acht zu lassen sind und als überflüssig, „zu wissenschaftlich" beiseite geschoben werden sollten. Im übrigen dient die Bruchbeschreibung im wesentlichen zur Aufklärung des Prüfingenieurs, der nur in seltenen Fällen die Probe selbst nimmt, und der dann von sich aus einen Überblick über die Lagerstätte hat.

Die Probenahme ist durch das Normenblatt DIN DVM 2101 [6] geregelt. Das Blatt kann naturgemäß nur als Richtlinie aufgefaßt werden, nach der die Steinbruchuntersuchung und das Aussuchen der Proben durchgeführt werden soll. Leider enthält dieses Blatt die Vorschrift der Probenahme durch den Fachmann als „Kannvorschrift"; diese müßte unbedingt in eine „Mußvorschrift" umgewandelt werden. Lediglich für die Zwecke der „Deutschen Steinbruchkartei", die die Aufnahme sämtlicher Gesteinsvorkommen nach geologischen, gesteinstechnischen und betrieblichen Gesichtspunkten zum Ziele hat, ist die Vorschrift der Probenahme durch beamtete Geologen der Geologischen Landesanstalten verbindlich. Fälle, in denen eine Gesteinsprüfung ohne diese Probenahme durchgeführt werden kann, sind denkbar, z. B. bei Nachprüfung einer Gesteinslieferung oder bei der Untersuchung besonderer Werkstücke.

Daß der Entnahmebericht die Lage des Steinbruches und die Eigentümerverhältnisse angibt, ist eine Selbstverständlichkeit. Die Angabe der Gesteinsart wird vielfach in Stein-Industrie- und Bauingenieurkreisen als überflüssig erachtet. Es gab sogar Richtungen, die den Namen, d. h. den durch Mineralgehalt und -gefüge gesteinskundlich begründeten Namen ablehnten und an Stelle dieser Bezeichnungen setzen wollten, aus denen die technische Verwendbarkeit des Gesteins sofort erkennbar sei [7]. Der Versuch, eine Bezeichnung einzuführen „Hartrauhklebstein" für eine im Schwarzdeckenbau verwendungsfähige Gesteinsart, mag vielleicht für den Praktiker zunächst verlockend scheinen, da er der Überlegung enthoben ist, die er anstellen muß, wenn ihm das Gestein unter dem gesteinskundlichen Namen „Diabas" angeboten wird. Hier muß er überlegen, ist das Gestein druckfest genug, hat es ein Gefüge, das unter dem Verkehr rauh zu bleiben verspricht und gibt es mit Bitumen oder Teer eine gute Haftfestigkeit ab. Trotzdem vertritt Verfasser den Standpunkt, daß die Vertiefung der Stoffkunde, in diesem Falle der gesteinskundlichen Begriffe, der bessere Weg ist zur zweckentsprechenden Auswahl von Gestein. Der Natursteinverbraucher, Bauingenieur und Architekt, sollen soweit gebracht werden, daß der Gesteinsname ihm eine Vorstellung gibt vom Mineralaufbau und Steingefüge, auf denen ja die technischen Eigenschaften beruhen. Es genügt hierbei eine Bezeichnung, aus der die Zugehörigkeit des Gesteins zu einer großen Gruppe hervorgeht. Z. B. ist die Feststellung, daß ein Gestein in die Gruppe der feldspatfreien Basalte gehört hinreichend, während der wissenschaftliche Name, z. B. Leuzitit erst in zweiter Linie interessiert. Keinesfalls kann sich die technische Gesteinsprüfung und Forschung mit Namen einverstanden erklären, die gesteinskundlich widersinnig sind, wie z. B. Bezeichnungen: Granitbasalt oder Hornsteindiabas, schwarzer Granit für Diabase, belgischer Granit für dunkle Kalksteine, Harzer Marmor für Gips u. a. Im übrigen klärt die zu jeder Gesteinsuntersuchung gehörende mikroskopische Untersuchung die Mineralzusammensetzung und die Gefügeeigenschaften des zu prüfenden Gesteins und legt somit auch den hierdurch begründeten Gesteinsnamen fest.

Die Lagerungsverhältnisse eines Gesteins sind für die Fällung eines Gutachtens oft von ausschlaggebender Bedeutung. Absonderung, Schichtung, Klüftung, Schiefe-

---

[6] Normen zur Prüfung natürlicher Gesteine DIN DVM 2101—2110. Berlin: Beuth-Verlag.

[7] Krüger, K.: Zur Frage der Gesteinsbenennung. Mitt. der Auskunft- und Beratungsstelle für Teerstraßenbau Essen (1936) H. 2.

rungsverlauf bedingen Werksteingröße, Möglichkeit von Pflaster oder Schotterherstellung, Möglichkeit des Wechsels der Beschaffenheit des Gesteins in den verschiedenen Bänken.

Der Prüfingenieur, der lediglich drei Blöcke von etwa 30 cm Kantenlänge aus einem Basaltbruch bekommt und auf Grund der technischen Prüfung ein Gutachten über die Verwendungsfähigkeit des Gesteins abgeben soll, ist hierzu ohne Kenntnis der Lagerungsverhältnisse nicht im Stande. Weiß er aber, daß das Gestein in Säulen mit Durchmessern von 30—60 cm ansteht, so kann er auf Grund der Prüfergebnisse beurteilen, ob das Gestein zur Pflasterherstellung sich eignet und ob es zur Herstellung von Uferböschungssteinen, Randsteinen, Wegezeichen in genügender Menge und Regelmäßigkeit gewinnbar ist. Andererseits ist ihm bei der Druckfestigkeitsprüfung, die er an Blöcken eines Diabases vornimmt, die von einer mit Klüften durchsetzten Bruchwand stammen, nicht möglich, streuende Ergebnisse zu klären, wenn er die Klüftigkeit der Ablagerung nicht kennt. Er kann lediglich ein Gutachten darüber ausstellen, daß das Gestein von verhältnismäßig niedriger Druckfestigkeit auch große Schwankungen der Einzelwerte aufweist und zur Herstellung von Pflaster nicht geeignet ist. In Wirklichkeit wird das kleinklüftige Gestein auch nur zu Schotter verarbeitet und bei einer Prüfung dieses Schotters (Konstruktionsprüfung) nach DIN DVM 2109 würde sich herausstellen, daß der Schotter eine nur sehr kleine Zertrümmerung bei Druck- und Schlagbeanspruchung erleidet. Hieraus geht hervor, daß bei sonst gesteinskundlich einwandfreien Aufbau des Gesteins dieses ein sehr gutes Schottermaterial abgibt. Die Prüfung ist demnach wegen der unzulänglichen Beschreibung des Vorkommens und des beabsichtigten Verwendungszweckes unzweckmäßig angesetzt, so daß das Ergebnis und Urteil den Betrieb schädigen kann, wenn bei der Gesteinsabnahme ein Druckfestigkeitszeugnis mit Würfelfestigkeiten verlangt und vorgelegt wird unter Vernachlässigung der Schottereigenschaften.

Es gibt Fälle, in denen die Bruchwand derartig ausgeprägt verschiedenartiges Gestein birgt, dessen Gewinnung und Weiterverarbeitung vom Betriebsführer in geschickter Weise so geregelt ist, daß vom Wege des Hereingewinnens bis zum Fertigprodukt eine natürliche Auswahl durch die verschiedenen Arbeitsvorgänge nach der zweckmäßigen Verwendung hin stattfindet. Oft werden verhältnismäßig große Werkstücke aus dem Haufwerk beiseite geräumt, beim groben Zuarbeiten liefern sie kleinere Abfallstücke für Normal- oder Kleinpflastersteine, und schließlich können Abfall oder bereits kleinstückig anfallende Produkte zum Schotterwerk weitergeleitet werden. Aus derartigen Betrieben muß der Prüfingenieur neben der geologischen Beschreibung des Vorkommens Proben aus verschiedenen Lagen zur Prüfung bekommen und vor allem auch das fertige Erzeugnis, den Pflasterstein und den Schotter, zur Untersuchung erhalten. Die Ermittlung der Stoffkonstanten hat am kompakten Gestein zu geschehen, der gebrochene Schotter ist zu prüfen und Handstücke aus den verschiedenen Schichten des Bruches sind mit dem mikroskopischen Bild der gesteinstechnisch geprüften Proben durch Dünnschliff-Untersuchungen zu vergleichen. Bei genügender Erfahrung ist durch derartige vergleichende Untersuchungen lediglich auf mikroskopischem Wege bereits die Möglichkeit gegeben, Unterschiede in der Gesteinsausbildung zu erkennen und aus ihnen die notwendigen Rückschlüsse auf unterschiedliches technisches Verhalten zu ziehen [8].

---

[8] Stöcke, K.: Wechselbeziehungen zwischen Gefüge und technische Eigenschaften von Gesteinen. Fortschr. für Mineralogie usw. 17 (1932) S. 540.

Bei Erstarrungsgesteinen spielt die Teilbarkeit nach Klüften oder besonders bevorzugten Spaltflächen (Abb. 1) eine ausschlaggebende Rolle für die Gewinnbarkeit großer Werkstücke. Bei Sedimenten bestimmt die Schichtmächtigkeit und der Abstand der Klüfte die Größe der gewinnbaren Blöcke. Es ist unumgänglich, daß die Lagerfläche bei der Probenahme bezeichnet wird, damit im Prüfraum der Druck auf diese Fläche der Versuchswürfel aufgebracht werden kann. Auch bei der Schlag- und Abnutzungsbeanspruchung werden im allgemeinen die Lagerflächen die Beanspruchungsflächen sein. Verschiedene Arbeiten haben die Verschiedenheit der technischen Eigenschaften bei Lastangriffen senkrecht und parallel zur Schichtung nachgewiesen [9] [10] [11]. Bei Erstarrungsgesteinen wird die Bezeichnung oft vernachlässigt, aber auch hier, besonders in manchen Granitgebieten, macht sich der Unterschied der Festigkeitseigenschaften nach verschiedenen Richtungen oft deutlich bemerkbar. Bei Nichtbeachtung dieser Tatsache kommen unkontrollierbare Streuungen in die einzelnen Versuchsreihen.

Abb. 1. Granit bevorzugter Spaltbarkeit günstig zur Gewinnung gleichmäßiger Werkstücke.

Die angeführten Beispiele mögen genügen, um die Wichtigkeit der Zusammenarbeit zwischen Geologen und Prüfingenieur gerade für den ersten sehr wichtigen Abschnitt einer Gesteinsprüfung: der Probenahme, klarzustellen. Auch die einer jeden technischen Gesteinsprüfung sozusagen als Diagnose vorangestellte mikroskopische Dünnschliffuntersuchung wird noch ein enges Zusammenarbeiten von Geologe und Prüfingenieur bedürfen, wenn sie nicht oft ganz in der Hand des Geologen liegt. Der Befund einer mikroskopischen Untersuchung gibt darüber Aufschluß, auf welche Eigenschaften das Gestein insbesondere geprüft werden muß. Ein mikrokristallines Gefüge, wie es der gleichmäßig ausgebildete Basalt Abb. 2a zeigt, weist von vornherein auf große Druck- und Schlagfestigkeit hin, während geklärt werden muß, ob er bei geringer Abnutzbarkeit nicht zu glatt wird. Der Basalt Schliffbild 2b mit viel glasiger Grundmasse, in denen größere Feldspat-Augit und Olivin-Einsprenglinge schwimmen, wird auf Grund seines Gefüges wohl eine hohe Druckfestigkeit besitzen, jedoch müssen hier Schlagfestigkeit und Abnutzbarkeit besonders sorgfältig durch die technologische

---

[9] Holler, H.: Über Abhängigkeit der technologischen Gesteinseigenschaften von der Gefügeregelung. Z. dtsch. geol. Ges. 85 (1935) S. 447.
[10] Holler, H.: Geregeltes Gesteinsgefüge und seine praktische Bedeutung. Steinindustrie 31 (1936) S. 122.
[11] Becker, W.; Macht, F.; Stöcke, K.: Über die Beziehungen zwischen den geologisch-petrographischen Merkmalen und den straßenbautechnischen Eigenschaften schlesischer Granite. Straßenbau 24 (1933) S. 103.

Prüfung nachgeprüft werden. Abb. 3a und b zeigen Granit verschiedener Ausbildung aus einem Bruch. Schon am Schliff ist zu erkennen, daß die ziemlich gleichmäßig ausgebildete Art mit gut verzahntem Gefüge der gröberen, weniger gut verzahnten Ausbildung b in sämtlichen technischen Eigenschaften überlegen sein wird. Auch ist am Schliff b zu erkennen, daß die Feldspäte erheblich getrübt und umgesetzt sind und Veranlassung geben hinsichtlich der Wetterbeständigkeit des Materials Bedenken zu erheben. Abb. 4a und b stellt zwei verschiedene Sandstein-Ausbildungen dar, die sich vor allem in der Art der Porenausbildung unterscheiden. Während der feinkörnige Sandstein a verhältnismäßig wenig offene Poren hat, die meisten Poren sind mit eisenschüssigem serizitischem Porenzement erfüllt, weist der grobe Sandstein b zusammenhängende Porenkanäle auf, die das Gestein durchziehen. Rein technisch genommen, ist a dem Gestein b überlegen. Vom Standpunkt der Wetterbeständigkeit aus ist zu klären, ob das poröse Gestein — in das Wasser leicht eindringen und hierbei lösend und bei eintretendem Frost sprengend wirken kann, — nach den üblichen technischen Verfahren, vereinigt mit der petrographischen Diagnose genügende Widerstandsfähigkeit gegen den Einfluß der Atmosphäre besitzt.

Ohne auf die Verfahren im einzelnen einzugehen, dürfte nachstehende zeichnerische Darstellung des Prüfganges den Verlauf und die Bewertung der Wetterbeständigkeit nach den bisher entwickelten Verfahren klarstellen (Abb. 5)[12].

Zusätzlich werden Gesteinsproben auch der künstlichen Bewetterung ausgesetzt, um den Einfluß der Feuchtigkeit und verschiedener Gase insbesondere O, CO_2 und SO_2 nachweisen zu können. Die wiedergegebene Versuchsanordnung (Abb. 6) nach Seipp[13] ähnelt im Prinzip denen, die in verschiedenen Prüfanstalten zusammengestellt wurden. Der Einfluß der zugeführten Gase auf das Gesteinsstück wird durch Wägen der Proben, Feststellung der gelösten Gesteinsteile und durch Beobachten etwaiger Bildung von Ausblühungen u. dgl. ermittelt.

Ganz allgemein ist zu sagen, daß es nach heutigen Erfahrungen möglich ist, aus den Erkenntnissen, die bei der mikroskopischen Untersuchung eines Gesteins und bei den notwendigen physikalisch-technischen Feststellungen (Porengehalt, Wasseraufnahme, Frostbeständigkeit) gewonnen werden, die voraussichtliche Wetterbeständigkeit von Naturstein hinreichend zu klären. Notwendig ist, daß bei besonders gelagerten Fällen auch die klimatischen Verhältnisse des Verwendungsortes berücksichtigt werden, gegebenenfalls ist das Gestein unter entsprechender künstlicher Bewetterung zu prüfen.

Sind durch örtliche Untersuchungen und durch die Untersuchungen im Prüfraum die Merkmale für die voraussichtliche Wetterbeständigkeit hinreichend geklärt, so werden die für den Verwendungszweck ausschlaggebenden technischen Eigenschaften ermittelt.

Bei Gesteinen, die im Hochbau ein-

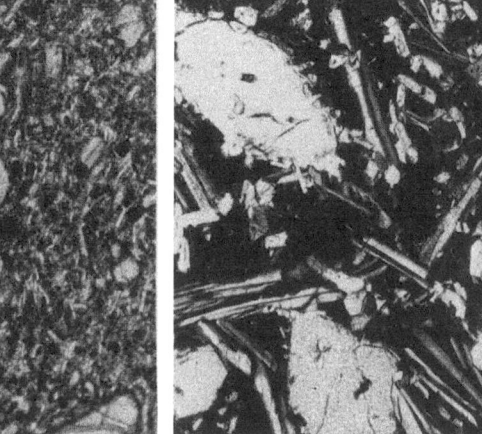

Abb. 2. Mikroaufnahmen von Basalt.
a) Mikrokristallines Gefüge, neigt zum Glattwerden des Pflastersteins.
b) Gefüge mit viel Glasschmelze gibt hochdruckfeste aber wenig schlagfeste Gesteine.

Abb. 3. Mikroaufnahmen von Granit.
a) Gleichmäßig gut verzahntes kleinkörniges Gefüge gibt hochwertigeres Gestein als
b) grobes, weniger gut verzahntes Gefüge mit trüben Mineralien.

 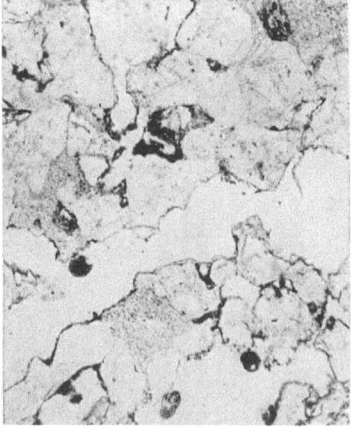

Abb. 4. Mikroaufnahmen von Sandstein.
a) Feinkörnig, ohne offene Poren;
b) grobkörnig, mit offenen Porenkanälen.

---

[12] Stöcke, K.: Beurteilung der Wetterbeständigkeit von Naturgestein mittels der vom Deutschen Verband für Materialprüfung der Technik aufgestellten DIN-Verfahren. Steinindustrie 32 (1937) S. 315.

[13] Seipp, H.: Die abgekürzte Wetterbeständigkeitsprobe der Bausteine. München: Verlag Oldenbourg 1937.

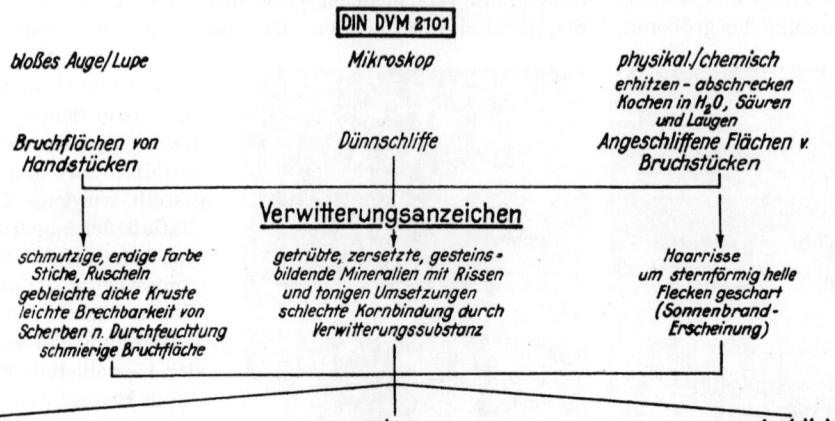

Abb. 5. Ablauf der Wetterbeständigkeitsprüfung von Naturgestein.

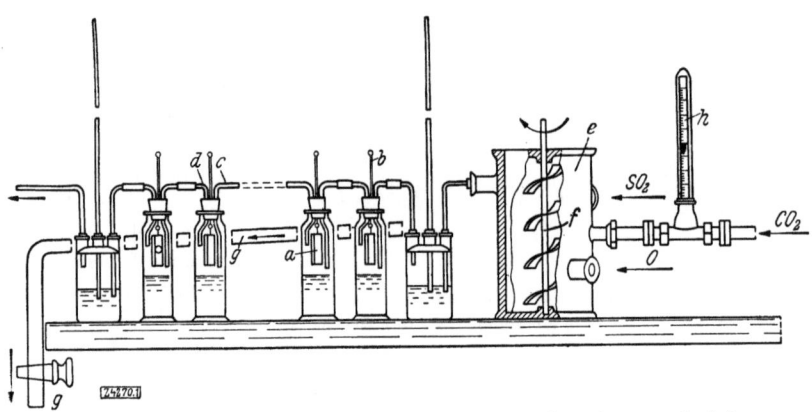

Abb. 6. Gerät zur künstlichen Bewetterung von Gesteinen nach Seipp.
a = Gesteinsplatte, b = Tauchstab, der Platte trägt, c = Zuleitung, d = Ableitung, e = Mischbehälter, f = Rührwerk, g = Wasser- Zu- und Ableitung, h = Schwimmer.

schließlich Brücken- und sonstigem Ingenieurbau Verwendung finden sollen, ist stets notwendig, die Ermittlung der Druckfestigkeit (DIN DVN 2105). Bei Hartgesteinen von gleichmäßigen Strukturen, deren Aufbau-Mineralien unter 2 mm liegen, geschieht die Prüfung an Würfeln von 4 cm Kantenlänge, die aus dem kluftfreien Gestein zu schneiden sind; für gröbere Gesteine, und Gesteine mit unregelmäßiger und porphyrischer Struktur werden Würfel von 6 cm Kantenlänge aus den Probeblöcken gewonnen.

In besonderen Fällen wird auch die Prismenfestigkeit bei verschiedenem Schlankheitsgrad der Proben festgestellt. Scherkräfte und das Knickmoment setzen bei hohen, schlanken Säulen die Bruchgrenze bedeutend unter die Würfeldruckfestigkeit herab. Derartige Prüfungen würden schon unter die Konstruktionsprüfungen zu stellen sein.

Mit dem gesteigerten Verbrauch von Naturstein zu tragenden Konstruktionsteilen hoher Beanspruchung nehmen derartige Konstruktionsprüfungen einen breiteren Raum in der Natursteinprüfung ein als früher. Z. B. werden Widerlager, Rollenlager und Pendel, Säulen und Mauerwerkskörper, in natürlicher Größe geprüft. Hierfür werden erhebliche Drucke notwendig, die mehrere hundert zuweilen über tausend Tonnen Auflast ausmachen.

Die bekannte hohe Druckfestigkeit unserer Naturgesteine läßt Steinkonstruktionen bevorzugen, die vornehmlich auf Druckspannungen berechnet sind. Vielfach lassen sich Biege- und Scherspannungen aber nicht vermeiden und es ist unumgänglich, hierüber ebenfalls ein klares Bild zu gewinnen, da Naturgestein gegen diese Spannungen viel empfindlicher ist als gegen Druckbeanspruchung. Eine Faust-Regel, die die Biegefestigkeit etwa zu 1/10 und die Schubfestigkeit etwa zu 1/15 der Druckfestigkeit festlegt, ist falsch. Gesteine werden durch die Art ihres Mineralverbandes, durch mehr oder weniger ausgeprägte Ausrichtung der Glimmer, durch Schieferungserscheinungen in ihrem Gefüge so unterschiedlich beeinflußt, daß hiervon wieder ein vollkommen verschiedenartiges Verhalten gegen Biegezug- und Schubbeanspruchungen abhängt. Biegezugfestigkeit und Schubfestigkeit werden im allgemeinen an plattenförmigen Versuchskörpern ausgeführt.

Die in einem Großbau durch Temperaturdehnungen auftretenden Spannungen können bei Temperaturspannen von etwa 90° (zwischen −30 und +60°) recht erhebliche sein. Wenn auch die Temperaturdehnungen je Grad auf die Längeneinheit nur in Größenordnungen zwischen 0,3 und $1,2 \times 10^{-6}$ liegen, so können im geschlossenen Mauerwerk Dehnungen bei Temperaturerhöhung bis zu einigen Zentimetern auftreten.

Je nach dem elastischen Verhalten des Gesteins können diese Spannungen vom Gestein aufgenommen werden. Bei kleinem Elastizitätsmodul, wie ihn vornehmlich saure Gesteine haben (400 000 bis 600 000 kg/cm²) werden die Spannungen weicher ausgeglichen als bei starren basischen Gesteinen (Gabbro, Basalte mit 800 000 bis 1 200 000 kg/cm²). Aus diesen angeführten Beispielen wird wohl klar, aus welchen Gründen in Sonderfällen auch Temperaturdehnung und elastisches Verhalten der Gesteine bei Großbauten bestimmt werden müssen.

Für den im Hochbau als Dachdeckstoff wieder sehr viel mehr verwendeten Dachschiefer regeln die Normen DIN[14] 2201—2205 die Ermittlung der petrographischen Beschaffenheit, Gewichts- und Porenverhältnisse, Wasseraufnahme, Frost- und Hitzebeständigkeit, Säurebeständigkeit und der Biegezugfestigkeit. Für die Probenahme von Dachschiefern ist bereits die fachmännische Probenahme durch einen geologisch ausgebildeten Beamten (staatlicher Geologe, Bergrevierbeamter) verbindlich. Zur Prüfung kommen nur Proben des Fertigmaterials. Eine Prüfung von Prüfkörpern, die erst im Laboratorium aus Schieferblöcken gewonnen würden, wäre unzweckmäßig. Die Dachschieferplatten-Herstellung ist schon eine natürliche Auswahl der am besten geeigneten Stücke, denn 80% des gesamten gewonnenen Schiefermaterials geht auf dem Wege zum Fertigerzeugnis zu Bruch und wandert auf die Halde. Trotzdem ist es dem Prüfingenieur erwünscht, über die Lagerstättenverhältnisse eines Bruches Bescheid zu wissen. Zur Kenntnis und Beurteilung des Vorkommens und des Betriebes sind auch bei der Bewertung von Dachschieferablagerungen geologische, gesteinstechnische und betriebliche Gesichtspunkte untrennbar. Zur stärkeren Verwendung des Schiefers zu Dachdeckzwecken an Stelle der knappen Dachziegel, Dachpappen und noch knapperen Metallbedachungen, ist die genaue Kenntnis der technischen Eigenschaften des Schiefers erforderlich und gibt die beste Werbung für diesen hochwertigen Dachdeckstoff ab.

Für Straßenbaustoffe ist die Wetterbeständigkeit, wie für sämtliche im Hochbau im Freien verwendeten Gesteine, Voraussetzung. Als Straßenbaustoffe aus Naturgestein sind zu nennen Pflaster, Bordsteine, Gehbahnplatten, Grenzsteine, Packlage, Schotter, Splitt, Brechsand und die natürlichen Kiese und Sande.

Pflastersteine werden ganz allgemein nur aus Erstarrungsgesteinen, quarzitischen Sandsteinen und Grauwacken gewonnen. Neben Form und Abmessungen, die für Großpflaster in den Musterbüchern, herausgegeben von der Forschungsgesellschaft für das deutsche Straßenwesen, geregelt sind, und die für Kleinpflaster durch DIN 481 festgelegt wurden, sind Druckfestigkeit, Schlagfestigkeit, Kantenverschleiß, Abnutzbarkeit und Griffigkeit maßgebend für die Gütebeurteilung. Die Anforderungen an die Druckfestigkeit, die nach DIN DVM 2105 ermittelt wird, sollen nicht zu hohe sein, denn sehr hohe Druckfestigkeit, z. B. für Porphyre über 3000, für Basalte über 3500 kg/cm² ist oft gepaart mit Sprödigkeit, geringer Kantenfestigkeit und mit der Neigung zum Glattwerden unter dem Verkehr. Hier hilft wieder das mikroskopische Bild für die Beurteilung der Rauhigkeit. Bei ansteigenden Straßen ist das Rauhbleiben der Pflastersteine allen anderen Eigenschaften voranzustellen und selbst hohe Abnutzungswerte (großer Verschleiß) sind mit in Kauf zu nehmen. Ein Schulbeispiel hierfür ist die beliebte Verwendung der Basaltlava in den steilen Straßenzügen der Wuppertalstädte auf denen ein erheblicher Verkehr mit zweirädrigen Pferdefuhrwerken umgeht.

Bordsteine müssen ihrer Form und Abmessung nach DIN 482 entsprechen; im übrigen haben sie genügende Druckfestigkeit, geringe Abnutzbarkeit sowie Griffigkeit aufzuweisen. Aus der Bruchbeschreibung des Geologen muß der Prüfingenieur erkennen können, ob genügend große und gleichmäßige Werkstücke zur geeigneten Bordsteingewinnung anfallen.

Für die Gehbahnplatten gilt dasselbe. Form und Abmessungen sind durch DIN 484 geregelt. Die Biegezugfestigkeit muß möglichst hoch sein, die Abnutzbarkeit durch Schleifen soll gering sein unter Beibehaltung der Griffigkeit des Gefüges. Ein Ablösen dünntafeliger Schichten, wie dies bei Sedimentgesteinen mitunter der Fall ist, macht das Gestein zur Verwendung als Gehsteigplatten unbrauchbar. Oft haben gerade kieselige Gesteine geringe Abnutzung beim Schleifversuch, größere Werkstücke aber haben den erwähnten Fehler und hierauf hat der Geologe im Bruch und am Steinwerkplatz zu achten.

Bei Grenzsteinen ist die Hauptsache eine genügende Wetterbeständigkeit bei guter Druckfestigkeit. Es ist vorteilhafter etwaige Zeichen und Schriften vertieft auszuarbeiten, da vorstehende Steinteile immer Ursache zum Ansatz von Niederschlägen und Schmutz geben. Die Abmessungen der Grenzsteine sind in DIN 284 festgelegt; über die Größe und Möglichkeit der Gewinnung gilt das für Bordsteine und Gehwegplatten Gesagte.

Viel eingehender sollte auf einwandfreies Packlagematerial geachtet werden, denn die Packlage bildet das Fundament der Straße. Bei genügender Druckfestigkeit soll der einzelne Packlagestein eine möglichst breite Setzfläche haben und pyramidenförmig geschlagen sein. Da dem Prüfingenieur meist nur eine kleine Anzahl von Proben in den Prüfraum geschickt werden, so muß er sich hierin ebenfalls auf das Urteil des probenehmenden Geologen, dem die Übersicht über den Werkplatz zusteht, verlassen. Die Höhe der Einzelsteine soll möglichst gleich sein, damit nicht einzelne Spitzen der Packlage aus dem Straßenunterbau hervorstehen.

Schotter, Splitt und Kiessand werden für Straßenbauzwecke nach Kornform, Kornzusammensetzung und Reinheit des Korngemisches beurteilt. Ein sicheres objektives Urteil, über die Kornform, ob kubisch und gedrungen, wie meist gefordert, oder ob splitterig, scherbig und länglich, wie unerwünscht, ist recht schwierig. Versuche aus dem Litergewicht und der Anzahl der auf eine bestimmte Raummenge entfallenden Körner einen sicheren Anhalt zu gewinnen, scheinen nach den neuesten Arbeiten von Pickel[15] zum Erfolge zu führen. Jedenfalls ist für die Entnahme zu sagen, daß zur Beurteilung einer Schotterkörnung mindestens 50 kg als Prüfgut zu dienen haben. Ferner ist die Angabe erwünscht, ob im Betriebe auf Rundlochsieben oder mit quadratischen Maschensieben das Klassieren im Schotterwerk oder der Kiesgrube vor sich gegangen ist. Im Prüfraum werden die Probesiebungen bisher sämtlich auf Rundlochsieben bis zur Körnung von

---

[14] Stöcke, K.: Die Normenblätter DIN DVM 2201 bis 2206 zur Prüfung von Dachschiefer. Steinindustrie 28 (1933) S. 239.

[15] Pickel, W.: Die Bestimmung und Bewertung der Kornform von Edelsplitt. Steinindustrie 32 (1937) S. 277.

1 mm Durchmesser vorgenommen, erst kleinere Körnungen werden auf Maschensieben abgesiebt. Benennt nun das Lieferwerk seine Körnung auf Grund der Aussiebungen auf quadratischen Sieben, so ist ein Unterschied zwischen der Laboratoriumssiebung und dem gelieferten Siebprodukt unumgänglich. Es treten große Prozentsätze von Überkorn auf, die sich ohne den Hinweis über die Art der Siebung im Lieferwerk nicht aufklären lassen.

Gesteine zur Gewinnung von Straßenschotter sollen mittlere Druckfestigkeiten, die als Häufigkeitswerte für die einzelnen Steingruppen festliegen, aufweisen. Ausschlaggebend ist für die Beurteilung der genügenden Festigkeit jedoch der Ausgang der Prüfung des Schotters auf Widerstandsfähigkeit gegen Druck- und Schlagbeanspruchung nach DIN DVM 2109. Wie erwähnt ist diese Prüfung eine reine Konstruktionsprüfung, bei der der Schotter der angelieferten Form durch 40 000 kg Druckbelastung bzw. 500 m/kg Schlagarbeit auf eine Stempelfläche von 222 cm/kg beansprucht wird. Durch Siebung des Schotters vor und nach der Beanspruchung wird der Grad der Zertrümmerung ermittelt. Diejenige Schotterart ist die beste, bei der sich der geringste Unterschied zwischen dem Siebergebnis des unbeanspruchten und beanspruchten Prüfguts ergibt.

Wichtig ist bei dieser Prüfung, die Art der feinsten Zertrümmerungsteile festzustellen. Sind diese von tonig mergeligem Charakter, so ist ein Schmieren des Verkehrsabriebs wahrscheinlich; ein kieseliger oder sogar scharfkörniger Abrieb neigt weniger zum Schmieren und Glätten der Straße. Die Mineralzusammensetzung gibt hier auch schon Hinweise.

Schwierig ist immer noch die Entscheidung über das Verhalten von Gesteinen gegen bituminöse Bindemittel. Von mineraltechnischer Seite allein aus ist darauf hinzuweisen, daß Gesteine mit vollkristallenem Gefüge, deren Bruchflächen rauh sind und nicht von Gesteinsstaub oder irgendwelchen Verschmutzungen eingehüllt werden, die besten Voraussetzungen zum Haften an bituminösen Bindemitteln und auch an Zement geben. Beim Urteil ist ferner darauf hinzuweisen, ob das Gesteinsgefüge porenfrei oder porig ist und welche Größe der Wert für die Wasseraufnahme hat. Porige Gesteine können mit hoher Wasseraufnahme (Sandsteine, Schaumkalke, Laven) zur teilweisen Filtrierung der dünnflüssigeren Bestandteile bituminöser Massen und Emulsionen führen und benötigen bei Zementbindemittel höhere Feuchtigkeitsmengen. Durch Beachtung dieser einfachen Gefügeeigenschaften können unangenehm auswirkende Fehler vermieden werden.

Die Gleisbettungsstoffe werden im allgemeinen nach den gleichen Richtlinien untersucht, wie Straßenschotter. Da jedoch der Hauptverschleiß von Gleisschotter durch das dauernde Nachstopfen der Schwellen hervorgerufen wird, legt die Reichsbahn besonderen Wert auf die Ermittlung der Schlagfestigkeit; sie ist bei der Entwicklung des endgültigen Verfahrens (DIN DVM 2109) führend gewesen.

Aus dem vorher Gesagten ist zu ersehen, wie wichtig eine enge Zusammenarbeit zwischen dem meist die Probe nehmenden und die Lagerstätte beschreibenden Geologen und dem Prüfingenieur ist. Zur Beurteilung der Liefermöglichkeiten eines Bruches genügt die Klärung der geologisch-lagerstättlichen und der gesteinstechnischen Faktoren nicht vollkommen, vielmehr gehört als Schlußglied für eine abgerundete Kenntnis noch der betriebstechnische Gesichtspunkt hinzu. Aus diesem Grunde ist für die Aufstellung einer „Deutschen Steinbruchkartei", die sämtliche Steinbruchbetriebe für den Bahn-, Wege- und Wasserbau und die reinen Werksteinbetriebe umfassen soll, dieser Punkt nicht vernachlässigt worden. Während die geologischen Landesanstalten die Probenahme und die Materialprüfanstalten die gesteinskundlichen Untersuchungen durchführen, ist das Deutsche Forschungsinstitut für Steine und Erden, Köthen, mit der Aufnahme der notwendigen betriebstechnischen Daten bei dieser Gemeinschaftsarbeit betraut. Die Arbeiten, die führend von der Preuß. Geologischen Landesanstalt und dem Staatlichen Materialprüfungsamt Berlin-Dahlem mit der Unterstützung des Generalinspektors für das deutsche Straßenwesen und der DAF übernommen sind, werden ein Sammelwerk darstellen, das dem Reich ein klares Bild über seinen Rohstoff „Naturgestein" verschafft. Der Überblick, der bisher nur in einzelnen Kreisen oder auch Provinzen und Ländern z. B. Thüringen, vorhanden war, wird durch diese einheitlich aufgestellte Kartei ein vollkommener werden. Die Baubehörden können sich bei Großvorhaben nach den in der Nähe des Bauplatzes liegenden Gesteinsvorkommen und ihren Eigenarten erkundigen. Sie sind ferner in der Lage, sich mit Hilfe der Auskunftstellen, die die Preuß. Geologische Landesanstalt als zukünftige Reichsanstalt sein wird, zu vergewissern, ob überhaupt das Steinmaterial untersucht ist. Die Zeugnisse und Gutachten selbst können leicht an Hand des Betriebsverzeichnisses und der Karteinummer von den aufgenommenen Betrieben angefordert werden. Mit Hilfe der nach einheitlichen Prüfverfahren ermittelten und an einer Stelle des Reiches zusammenlaufenden Ergebnissen wird die Übersicht geschaffen, die Baubehörden, Bauunternehmungen, Bauingenieure und Architekten für ihre Bauvorhaben brauchen. Bei Werkstoffbedarf von Zehntausenden von Kubikmetern, wie er gegenwärtig nicht selten ist, besteht die Möglichkeit der Auswahl gesteinstechnisch einwandfreier, zueinander passender Gesteine und die vorhandenen können ihrer Eigenschaft nach zweckentsprechend verwendet werden. Für statistische und handelspolitische Fragen wird die Kartei die zuverlässige Unterlage sein. Der Werkstein gewinnenden Industrie und der Industrie-Fachgruppe für den Wege-, Bahn- und Wasserbau werden die nach einheitlichen Richtlinien aufgestellten Prüfungszeugnisse, die nach der Aufnahme in die Kartei das Eigentum der betreffenden Werke werden, ein ausgezeichnetes und einwandfreies Werbemittel sein. Bei Meinungsverschiedenheiten über die Güte einer Natursteinlieferung und den Grund auftretender Bauschäden, derart, wie sie einleitend erwähnt wurden, werden die Unterlagen ausreichen, um zu klären, ob die Ursachen für die Schäden in einer schlechten Lieferung oder in unzweckmäßiger Verwendung und Fehlkonstruktion zu suchen sind. Die technische Gesteinsprüfung hat kurz gesagt nichts zu tun mit einer Art polizeilicher Überwachung, sie vertritt nicht einseitig den Abnehmerstandpunkt, sondern sie ist vielmehr durch Zusammenarbeit von Geologen und Ingenieur sinnvoll durchgeführt eine gleiche Hilfe für den Natursteinverbraucher wie für die Naturstein gewinnenden Kreise.

Ueber einige Faktoren, welche die Ergebnisse der Prüfung von Glas auf mechanischem Wege beeinflussen.

Von Dipl.-Ing. E. Albrecht, Berlin.

[Beitrag für die Fachgruppe II des 2. Internationalen Glas-Kongresses, London, 9. Juli 1936.]

Als Einleitung zur Sitzung der Fachgruppe II des 2. Internationalen Glas-Kongresses (London und Sheffield 1936) wurde ein Ueberblick über die Faktoren gegeben, von denen die Festigkeit von Glas als geformter Körper (Gegenstand, Bauteil, Prüfkörper) abhängt. Die hier vorliegenden Gesetzmäßigkeiten sind für einige dieser Faktoren bereits weitgehend erkannt. Ausbau und Synthese dieser Erkenntnisse bleibt Aufgabe.

Es ist allgemein bekannt, wie groß der **Einfluß der chemischen Zusammensetzung auf die Eigenschaften des Glases** ist. Das fabrikatorische Verhalten eines Glases, seine chemische Widerstandsfähigkeit, seine optischen Eigenschaften werden von seiner chemischen Zusammensetzung bedingt und oft von kleinen Zusätzen entscheidend beeinflußt. Der zunächst a priori aufgestellte Satz, daß sich die Eigenschaften eines Glases additiv aus denen seiner Komponenten ergeben und sich also aus der Analyse mit Hilfe von Koeffizienten berechnen lassen, kann für eine Reihe von physikalischen Eigenschaften (Härte, Dichte, Ausdehnung u. a.) als erwiesen gelten. Daher wird es als stilwidrig empfunden, wenn in einer Veröffentlichung, die eine physikalische Eigenschaft von Glas betrifft, die Analyse fehlt.

Es ist also nicht zu verwundern, wenn die Gültigkeit des Additivitätsgesetzes auch für den Teil der physikalischen Eigenschaften des Glases vorausgesetzt wurde, den wir **mechanische Festigkeit** nennen. Die Nachprüfung bestätigte das Erwartete: die mechanischen Eigenschaften von Gläsern mit willkürlich oder planmäßig geänderter chemischer Zusammensetzung erwiesen sich als gesetzmäßig abhängig von dieser, wenn unter gleichen Versuchsbedingungen geprüft wurde. Diese Voraussetzung ist wesentlich und darf nicht vernachlässigt werden. Ein Vergleich der Ergebnisse verschiedener Forscher zeigt, daß **der Einfluß der jeweils verschiedenen Versuchsbedingungen** den der Glaszusammensetzung oft überragt und häufig so groß ist, daß die gefundenen Festigkeiten nicht ohne weiteres miteinander verglichen werden können. Im allgemeinen kann man sagen, daß um so kleinere Werte der Festigkeit je Querschnittseinheit erhalten werden, je größer die Abmessungen der Prüfkörper sind, je höher die Versuchstemperatur und je länger die Dauer der Beanspruchung ist. Man muß sich also darüber klar sein, daß **die Materialfestigkeiten keine Materialkonstanten zu sein brauchen**, und man ist sich darüber klar, wenn man Prüfkörper und Prüfverfahren normt. Von einer **Normung der Prüfverfahren** für die mechanischen Eigenschaften von Glas sind wir noch ziemlich weit entfernt.

Der Einfluß der Probengröße auf die Festigkeit je Querschnittseinheit — die im folgenden kurz als Festigkeit bezeichnet wird — scheint bei Glas größer zu sein als bei anderen Werkstoffen. Die Erscheinung ist an sich durchaus bekannt; so fällt z. B. die Druckfestigkeit (kg/cm^2) von Beton, an 10 cm-Würfeln bestimmt, etwas höher aus, als wenn sie an Würfeln von 20 oder 30 cm Kantenlänge ermittelt wird. Aehnlich verhalten sich Mauerziegel; noch größer ist der Einfluß der Abmessungen bei Steinzeug. Die Druckfestigkeit von Quarzglas wird in den üblichen Handbüchern mit rund 20 000 kg/cm^2 angegeben. Dieser Wert (1) ist an Zylindern von 5 mm Durchmesser (19 mm^2 Querschnitt) und Höhe bestimmt. Prüfkörper von 200 mm^2 Querschnitt ergeben etwa die halbe Druckfestigkeit (2). Danach ist schwer zu sagen, welcher Wert für die Druckfestigkeit in Rechnung zu stellen wäre, wenn es sich z. B. um einen Isolator aus Quarzglas handeln würde, auf den ein Funkturm gestellt werden soll.

Die Biegefestigkeit von Flachglas nimmt ab mit wachsender Breite und Dicke der Proben (3) (4).

Die Zugfestigkeit sehr dünner Glasfäden ist außerordentlich groß (5). Stäbe von einigen Quadratmillimetern Querschnitt haben etwa 1000 kg/cm^2, solche von 10 bis 100 mm^2 etwa 500 kg/cm^2 Zugfestigkeit; diese sinkt bei noch größerem Querschnitt noch weiter (6) (7) (8) (10).

Der Einfluß der Probenform ist deutlich merkbar. Der Unterschied zwischen Würfel- und Zylinderfestigkeit ist auch bei anderen Werkstoffen bekannt. Kantige und runde Glasstäbe geben beim Zugversuch nicht ganz gleiche Werte (6). Auf die Biegefestigkeit von Flachglas ist das Seitenverhältnis von Einfluß. Sehr deutlich ist der Einfluß von Probenform und -größe bei der Prüfung von Hohlglas auf Innendruck.

Der Einfluß der Oberflächenbeschaffenheit ist besonders gut verfolgt worden. Die dabei entwickelten Theorien und ihre experimentelle Nachprüfung (5) (6) haben unsere Erkenntnisse über die Gesetzmäßigkeiten, die den Zerreißvorgang beherrschen, außerordentlich gefördert. — Es genügt hier, auf die grundlegende Bedeutung dieser Arbeiten hinzuweisen. Es ergab sich, daß und warum geschliffene und polierte Oberflächen kleine Festigkeiten hervorrufen, Feuerpolitur und Aetzpolitur festigkeitserhöhend wirken. Sehr deutlich konnte dies auch bei Flachglas nachgewiesen werden, dessen Biegefestigkeit von der Bearbeitung der Kanten beeinflußt wird (11).

Der Einfluß der Temperatur, bei der die Prüfung vorgenommen wird, sowie die Belastungsgeschwindigkeit, mit der sie ausgeführt wird, sind von geringerer Bedeutung als die vorher aufgezählten Faktoren. Tiefe Temperatur und hohe Belastungsgeschwindigkeit wirken festigkeitssteigernd (6) (9) (11).

Der Einfluß der Dauer der Beanspruchung ist der einzige, der sich bisher in der Form einer mathematischen Beziehung hat ausdrücken lassen. Bei kurzzeitiger Beanspruchung folgt Glas dem Hookeschen Gesetz; Elastizitätsgrenze und Bruchbeginn fallen praktisch zusammen, bleibende Formänderungen und plastische Verformungen sind, auch unmittelbar vor dem Bruch, kaum nachweisbar. Unter ruhender Last treten jedoch elastische Nachwirkungen auf. Die Dauerstandfestigkeit von Glas ist wesentlich geringer als seine Festigkeit bei kurzzeitiger Beanspruchung, und zwar sowohl bei Flachglas (12) als auch bei Hohlglas (13). Für das letztere konnte gezeigt werden, daß der Bruch unter Dauerlast um so früher eintritt, je näher die dabei gewählte Beanspruchung an die kurzzeitig tragbare herankommt. Diesem Unterschied ist der Logarithmus der Standzeit proportional.

Es wurde versucht, zu zeigen, daß die Ergebnisse, die bei der Ermittlung der mechanischen Eigenschaften von Glas erhalten werden, z. T. erheblich von Faktoren abhängen, die durch die Versuchsausführung selbst gegeben sind, oder die willkürlich festgelegt werden, niemals aber bei einer Versuchsreihe in ihrer ganzen Variationsbreite erfaßt werden können. Einige dieser Einflüsse sind systematisch untersucht, andere umstritten, manche vielleicht überschätzt.

Da Glas sowohl in der chemischen Technik als auch im Bauwesen in zunehmendem Maße als tragender bzw. als mechanisch beanspruchter Baustoff verwendet wird, verdienen und erhalten die mechanischen Eigenschaften des Glases steigende Beachtung. Eine Festigkeitslehre des Glases ist im Entstehen begriffen. Sie wird in höherem Grade, als es bei anderen Werkstoffen nötig ist, die Faktoren berücksichtigen müssen, die die Ergebnisse der Festigkeitsprüfung beeinflussen.

Zusammenfassung.

Der zunächst a priori aufgestellte Satz, daß die Eigenschaften eines Glases sich additiv aus denen seiner Komponenten zusammensetzen und also aus der Analyse berechnen lassen, gilt als erwiesen für zahlreiche physikalische Eigenschaften (Härte, Dichte, Ausdehnung u. a.). Unter gleichen Versuchsbedingungen ist der Einfluß der Zusammensetzung auch für die mechanischen Eigenschaften des Glases deutlich. Ihn überragt hier jedoch bei weitem der Einfluß der Versuchsbedingungen (Probengröße, -form, -oberfläche, Dauer der Beanspruchung, Temperatur u. a.), sowie der der Gesetzmäßigkeiten des Bruchvorgangs. Hierfür werden Beispiele gegeben.

Die systematische Erforschung dieser Einflüsse ist von mehreren Seiten begonnen worden. Es wird nötig sein, sie zu fördern, denn die wachsende Verwendung von Glas als Baustoff sowohl in der chemischen Technik wie im Bauwesen verlangt nach einer Festigkeitslehre des Glases. Sie ist in der Entwicklung begriffen und wird an den aufgezeigten Problemen nicht vorbeigehen können.

Schrifttum.

(1) G. Berndt, Verhdl. Dtsch. Physikal. Ges., 21 (1919), S. 110.

(2) E. Albrecht, erscheint in den „Glastechnischen Berichten" 1937.

(3) O. Graf, Glastechn. Ber., 3 (1925), S. 153; 6 (1928), S. 158, 582; Z. Verein Dtsch. Ing., 72 (1928), S. 566—573. (Ref. Glastechn. Ber., 6 (1928/29), S. 603) und anderen Orts.

(4) A. J. Holland u. W. E. S. Turner, J. Soc. Glass Technol., 18 (1934), S. 225—251. (Ref. Glastechn. Ber., 13 (1935), S. 329.)

(5) A. A. Griffith, Phil. Trans. Roy. Soc. London, A, 221 (1920), S. 163.

(6) A. Smekal, Glastechn. Ber., 13 (1935), S. 141, 222.

(7) G. Gehlhoff u. M. Thomas, Z. techn. Physik., 7 (1926), S. 105—126. (Ref. Glastechn. Ber., 4 (1926/27), S. 103—105.)

(8) A. Winkelmann u. O. Schott, Wiedemanns Ann., 51 (1894), S. 697.

(9) H. Kamerlingh-Onnes u. C. Braak, Comm. Leiden, 9 (1908), Nr. 106.

(10) K. Wirtz, Z. f. Physik, 93 (1935), S. 292. (Ref. Glastechn. Ber., 13 (1935), S. 174.)

(11) B. Longmuir u. W. E. S. Turner, J. Soc. Glass Technol., 18 (1934), S. 252—259. (Ref. Glastechn. Ber., 13 (1935), S. 329.)

(12) L. v. Reis, Glastechn. Ber., 13 (1935), S. 239.

(13) K. H. Borchard, Sprechsaal Keramik usw., 67 (1934), S. 576—577; 68 (1935), S. 147—149, 324 bis 326. (Ref. Glastechn. Ber., 13 (1935), S. 63, 131, 328.)

K. H. Borchard, Glastechn. Ber., 12 (1934), S. 334—339; 13 (1935), S. 243—244.

(14) W. Mangler, Z. f. Physik, 93 (1934), S. 173. (Ref. Glastechn. Ber., 13 (1935), S. 174.) (11 312)

Über das Verhalten von Steinholz und ähnlich zusammengesetzten Massen gegenüber Baustoffen und Metallen.

Von Prof. Dipl.-Ing. E. Deiß.

Mitteilung aus dem Staatlichen Materialprüfungsamt Berlin-Dahlem.

Steinholz ist bei Verwendung an richtiger Stelle — sachgemäße Verarbeitung vorausgesetzt — als guter Baustoff in der Bauwelt so bekannt und geschätzt, daß es sich erübrigt, seine besonderen Eigenschaften und Vorzüge noch ausdrücklich hervorzuheben.

Leider kommen aber bei der Verwendung dieses Baustoffes immer wieder vereinzelt Schadensfälle vor, die darauf zurückzuführen sind, daß Steinholzmasse auf andere Baustoffe und auf Metalle schädigend einzuwirken vermag, wenn bei der Verwendung oder der Verarbeitung des Steinholzes die deshalb erforderlichen Gegenmaßnahmen nicht oder nicht sorgfältig genug getroffen werden[1].

Daß es nicht angängig ist, den Werkstoff Steinholz in Acht und Bann zu tun, wie es zuweilen geschieht, einfach deshalb, weil infolge unsachgemäßer Verarbeitung und ungenügender Kenntnis der Eigenschaften des Werkstoffes Schäden aufgetreten sind, liegt klar auf der Hand.

Wenn daher an dieser Stelle einzelne Schadensfälle aufgezählt und beschrieben werden, so geschieht dies in erster Linie zu dem Zweck, zu zeigen, mit welchen Schädigungen unter Umständen bei der Verwendung von Steinholz als Baustoff gerechnet werden muß, wenn gewisse unbedingt einzuhaltende Vorschriften über Verarbeitung und Nachbehandlung sowie die Regeln der Handwerkskunst außer acht gelassen werden. Auf Grund von Untersuchungsergebnissen sollen dann Hinweise für die richtige und sachkundige Verwendung von Steinholzmassen gegeben werden. Dies ist besonders deshalb wichtig und notwendig, weil die einfach erscheinende Bereitung des Steinholzes, sowie dessen in die Augen fallenden Eigenschaften einen weniger damit Vertrauten immer wieder dazu verleiten, solche Massen ohne nähere Kenntnis ihrer Eigenart und ihres Verhaltens gegenüber anderen Baustoffen, für besondere Zwecke zu verwenden, um nach einiger Zeit an aufgetretenen Zerstörungen erfahren zu müssen, daß die Verwendung oder die Art der Verarbeitung des Materials in Verbindung mit dem betreffenden Werkstoff nicht die richtige war.

Die Zahl der durch Steinholz verursachten Schadensfälle, verglichen mit der Häufigkeit verlegter Steinholzmassen, ist zwar nur gering; immerhin nehmen die vorkommenden Schäden oft ein Ausmaß an, daß ihre Bekämpfung unbedingt gefordert werden muß und dies um so mehr, als bei der Ausführung von Steinholzarbeiten durch erfahrene Facharbeiter und unter Berücksichtigung aller notwendigen Schutzmaßnahmen der „Kampf dem Verderb" mit Erfolg geführt werden kann.

Die nachstehend beschriebenen Schadensfälle sind eine Auswahl der im Laufe der letzten 6 bis 8 Jahre im Amt bearbeiteten Fälle von Werkstoffbeschädigungen, an denen Steinholz beteiligt war.

Fall 1. Undichtwerden eines Heizungsrohres.

In einem aus Eisenbeton erstellten Gebäude wurden die Rohrleitungen der im Keller befindlichen Heizanlage durch die Decke in die oberen Stockwerke geführt. Die 15 cm dicken Eisenbetondecken trugen eine 3 cm dicke Ausgleichschicht aus Zementmörtel und auf diesem einen 2 cm dicken Estrich aus Steinholz als Unterlage für Linoleum.

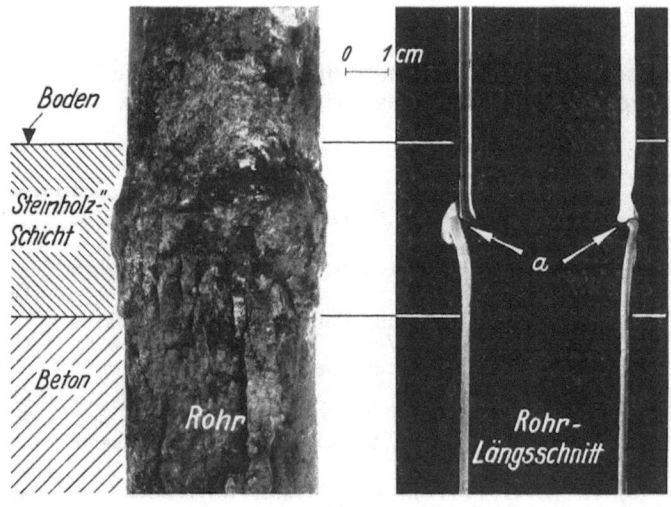

Abb. 1.

Ein Heizrohr, das vom Keller durch die Eisenbetondecke hindurch zu den im Erdgeschoß befindlichen Räumen führte, war kurze Zeit nach der Inbetriebnahme an dem im Beton der Decke befindlichen Teil undicht

---

[1] Hierzu sei bemerkt, daß mit dem Auftreten von Schäden auch bei anderen Baustoffen — also ohne Verwendung von Steinholz — gerechnet werden muß, wenn bei deren Verwendung die zu beachtenden Vorschriften nicht eingehalten werden, z. B. wenn undichter Beton hergestellt oder der Beton mit ungeeignetem Wasser angemacht wird usw. Wenn in dieser Abhandlung hauptsächlich von Schäden die Rede ist, die sich bei der Verwendung von Steinholz gezeigt haben, so soll damit keineswegs der Eindruck erweckt werden, als ob das Auftreten von Schäden im Baugewerbe auf die Verwendung von Steinholz beschränkt sei.

geworden. Das herausgeschnittene Stück stand unten mit Beton, im oberen Teil mit Steinholzmasse in inniger Berührung; nach Entfernen der oberflächlich festhaftenden Beton- und Steinholzreste erwies sich das Rohrstück als stark verrostet (Abb. 1). Ein durch das Rohrstück geführter Längsschnitt ließ das Vorhandensein einer schlecht verschweißten Stelle (a) in der Steinholzzone erkennen.

Da die Schweißstelle in die Steinholzschicht verlegt war, konnte an einer durchlässigen Stelle der Schweißnaht Wasser in die Steinholzschicht gelangen und Magnesiumchlorid auslaugen. Sobald aber Magnesiumchloridlösung an das Stahlrohr gelangte, mußte starkes Rosten eintreten und die vorhandene Undichtigkeit an der Schweißstelle zunehmen.

Das Undichtwerden des Rohres ist im vorliegenden Fall vor allem auf das schlechte Verschweißen der Rohrenden zurückzuführen; erst an zweiter Stelle kann dafür die unmittelbare Berührung des Stahlrohrs mit der Steinholzmasse verantwortlich gemacht werden.

Zur Vermeidung von Schäden der beschriebenen Art sollten die Schweißstellen von Heizrohren in keinem Fall in die Steinholzschicht eines Fußbodens verlegt werden; zudem müßten Stahlrohre gegen Steinholz in geeigneter Weise isoliert werden, was entweder durch Umhüllen der Rohre mit Bitumenpappe oder noch besser durch **Ummanteln mit Zementmörtel** geschehen kann. Näheres hierzu vgl. im folgenden Beispiel.

Fall 2. Zerstörung eines Heizrohres.

Bei einem ähnlich dem Beispiel 1 liegenden Fall bestand die Kellerdecke aus Betonkappen zwischen Stahl-

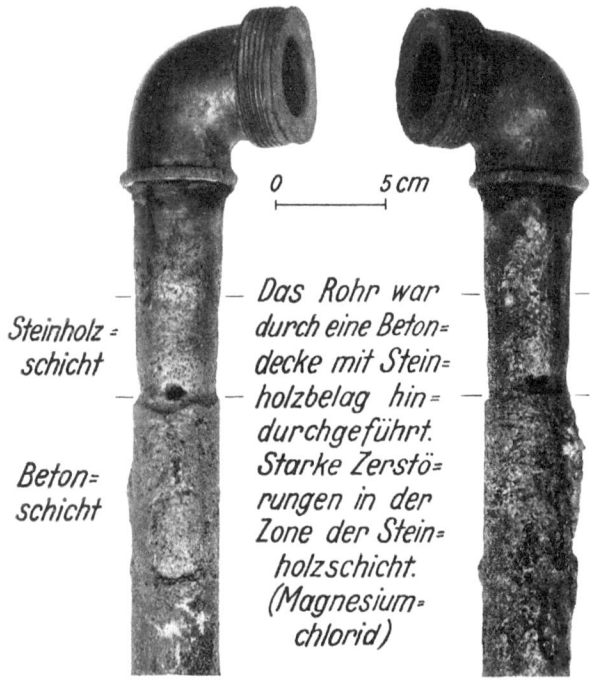

Abb. 2.

trägern; die Betondecke war mit Korkestrich (magnesitgebunden) und dieser mit Linoleum belegt. Ein senkrecht durch die Decke geführtes Heizrohr war auf der Außenseite in Höhe der Korkestrichschicht angefressen worden und mehrfach durchlöchert; das ausgetretene Wasser hatte erheblichen Schaden angerichtet.

Der zur Feststellung der Zerstörung vorgelegte Rohrabschnitt ließ an der in der Korkestrichzone eingetretenen Querschnittsverminderung des Werkstoffs deutlich den starken Angriff erkennen, während der im Beton eingebettet gewesene Teil, dem noch Betonreste fest anhafteten, keinen wesentlichen Angriff aufwies. Die Durchlöcherungen waren an der untersten Stelle der vom Korkestrich berührten Zone entstanden (Abb. 2).

Für die chemische Untersuchung waren Proben aus der Betonschicht, der Korkestrichauflage und aus der Grenzschicht Beton-Korkestrich eingesandt worden. Die Probe aus der Grenzschicht bestand aus lockerer Korkestrichmasse mit daran festhaftendem, hartem Beton, der abgetrennt und für sich untersucht wurde.

Der Korkestrich enthielt Magnesia, Holzmehl und mit Wasser auslaugbare Chloride; der Gehalt an letzteren, bezogen auf lufttrockenes Material und berechnet als $MgCl_2$, betrug 11%.

Die harte Betonschicht aus der Grenzzone war ebenfalls chloridhaltig und bestand im übrigen aus Zement und Sand. Auch der Eisenrost, der sich in der Korkestrichzone auf dem Stahlrohr gebildet hatte, war chloridhaltig, während in dem durch Korkestrichmasse nicht verunreinigten Material der Deckenbetonprobe Chloride nicht nachgewiesen werden konnten.

Aus dem Ergebnis der Untersuchung war zu entnehmen, daß von der Korkestrichmasse aus eine Wanderung von Chlorid (Magnesiumchlorid) zum Stahlrohr und in die benachbarten Betonschichten stattgefunden hatte. Als Ursache der Zerstörung des Rohrs mußte die Einwirkung des Magnesiumchlorids auf das Rohrmaterial angenommen werden. Chloride, insbesondere Magnesiumchlorid, begünstigen bekanntlich das Rosten von Eisen außerordentlich stark.

An dem Zustandekommen des Zerstörungsvorganges an Eisen durch Magnesiumchlorid ist stets Feuchtigkeit beteiligt. Die Herkunft der Feuchtigkeit ist nachträglich nicht immer mit Sicherheit feststellbar; sie kann z. B. daher rühren, daß bei nassem Aufwischen des Linoleumfußbodens Wasser an dem herausstehenden Rohr gestaut wird, das am Rohr entlang in die Korkestrichmasse eindringt und Magnesiumchlorid auslaugt, dessen Lösung dann an das Stahlrohr gelangt und das Rosten verursacht.

Zu berücksichtigen ist, daß Steinholzmassen stets reichliche Mengen Wasser lose gebunden enthalten, so daß das Hinzutreten von äußerem Wasser nicht unbedingt erforderlich ist. Durch die Erwärmung des Korkestrichs am heißen Rohr wird ein Teil des Wassers frei, das sich an kühleren Stellen in der Korkestrichschicht wieder verdichtet; bei späterem Abkühlen des Heizrohres findet Rückwanderung von Wasserdampf und Verdichtung am abgekühlten Rohr statt. Gleichzeitig diffundiert Magnesiumchlorid an die der Korkestrichschicht anliegende feuchte Rohroberfläche und leitet den Rostvorgang ein.

Durch das aufgeklebte Linoleum ist die Korkestrichschicht verhältnismäßig dicht abgedeckt, so daß Feuchtigkeit aus der Korkestrichschicht kaum entweichen kann, und die beschriebenen Vorgänge sich lange Zeit abwechselnd abspielen können.

Zur Vermeidung solcher Schäden sollten grundsätzlich alle durch magnesitgebundene Estriche hindurchgeführten Rohre und sonstigen Stahlteile vor dem Angriff durch Magnesiumchlorid geschützt werden; im vorliegenden Fall hätte dies zweckmäßig in der Weise geschehen können, daß zwischen Estrichmasse und Stahlrohr ein mindestens 10 bis 15 cm breiter Zwischenraum statt mit Estrichmasse mit dichtem Zementmörtel ausgefüllt worden wäre, so daß das Stahlrohr weder mit Estrichmasse in unmittelbare Berührung kommen, noch von etwaigen Auslaugungen aus der Estrichmasse erreicht werden konnte. Beim Anbringen solcher Mäntel von Zementmörtel um die zu schützenden Stahlrohre ist aber zu beachten, daß der Zementmörtel erst völlig erhärtet sein muß, bevor die Korkestrichmasse damit in Berührung gebracht werden darf, da sonst das Abbinden des Zementmörtels durch eindringendes Magnesiumchlorid verhindert werden kann.

Fall 3. Zerstörungen an horizontal in Beton verlegten Heizrohren.

In den Fußbodenbeton eines Kaufhauses waren die Stahlrohre der Dampfheizung verlegt worden. Die Betondecke trug magnesitgebundenen Holzkorkestrich und Linoleumauflage. Drei Jahre nachdem der Bau in Betrieb genommen worden war, traten an den Dampf-

Abb. 3.

leitungsrohren im Beton nacheinander zahlreiche Durchlöcherungen auf, deren Ursache zunächst nicht zu erkennen war.

An den zerstörten Rohrteilen (Abb. 3) waren starke Anfressungen vorhanden, die stellenweise zur Durchlöcherung der Rohre führten. Die Rostablagerungen, ebenso wie die an den Rohren festhaftenden Betonreste, enthielten deutliche Mengen Chloride. Da bei der Herstellung der Betondecke selbst Chloride nicht verwendet worden sind, so konnten die Chloridmengen nur aus dem Korkestrich stammen, der aus einer Mischung von gebranntem Magnesit, Magnesiumchloridlösung, Holzmehl und sonstigen Zusätzen hergestellt war. Chlorid war aus der Korkestrichmasse ausgelaugt worden und die dabei entstandene Magnesiumchloridlösung durch die Betonschicht hindurch zu den Dampfleitungsrohren durchgedrungen, wo dann die Rostanfressungen entstanden. Dabei haben ohne Zweifel Feuchtigkeit, sowie die abwechselnde Erwärmung und Abkühlung von Estrich und Beton durch die Dampfleitungsrohre in ähnlicher Weise mitgewirkt, wie dies im vorhergehenden Beispiel eingehend geschildert ist.

Es mag an dieser Stelle noch besonders darauf hingewiesen werden, daß es in vielen Fällen für die Aufklärung der Ursache besagter Schäden nicht genügt, ein zerstörtes Rohr zur Untersuchung einzusenden mit der Frage, ob ungeeignetes Rohrmaterial geliefert worden sei, oder welche andere Ursache die Zerstörung des Rohres verschuldet habe. Wenn diese Fragen beantwortet werden sollen, ist es von größter Wichtigkeit, bereits beim Ausbau der beschädigten Teile einen mit Baufragen vertrauten chemischen Sachverständigen hinzuzuziehen, der Einblick in die örtlichen Verhältnisse nehmen und für die sachgemäße Entnahme und Auswahl des erforderlichen Probematerials Sorge tragen kann.

Wird dem Chemiker diese Möglichkeit, sich von den gesamten örtlichen Verhältnissen ein Bild zu machen, nicht gegeben, so kann ihm nachträglich kein Vorwurf gemacht werden, daß er für die Auffindung der Ursache entscheidende Umstände unberücksichtigt gelassen habe; solche Umstände hätte er möglicherweise bei einer örtlichen Besichtigung beobachten oder erfragen können.

Fall 4. Deckenschäden.

In einem Krankenhausbau waren bald nach Fertigstellung erhebliche Schäden an einzelnen Decken aufgetreten, die sich darin äußerten, daß am Kalkmörtelputz der Decken ausgedehnte nasse Flecken entstanden und Aufblähungen und Loslösungen des feuchten Putzes eintraten; die feucht gewordenen Stellen zeigten keine Neigung zum Trocknen.

Die Decken des Baues waren durchschnittlich 10 cm dicke Steineisendecken. Die Schäden waren auffallenderweise nur an Decken entstanden, auf deren Oberseite doppelschichtiger, 4 cm dicker magnesitgebundener Korkestrich als Fußbodenmaterial aufgetragen war, der mit Linoleum abgedeckt wurde. Andere Decken im Gebäude, die auf der Oberseite mit Platten belegt worden waren, zeigten diese Beschädigungen an der Unterseite nicht.

Die Vermutung lag nahe, daß die aufgetretenen Schäden mit dem Aufbringen des Korkestrichs im Zusammenhang standen, und die Bauleitung trug berechtigte Sorge um die Eiseneinlagen der Decken, die möglicherweise der Gefahr des Verrostens ausgesetzt waren.

Um die Ursache der beobachteten Schäden festzustellen, wurden zwei Proben Deckenputz entnommen, und zwar von einer feuchten Stelle und einer trocken gebliebenen Decke. Durch den Augenschein wurde festgestellt, daß über der Decke von der die feuchte Probe entnommen worden war, magnesitgebundener Estrich mit Linoleum lag, während über der trockenen Decke keramische Platten in Zementmörtel verlegt waren.

Die Untersuchung erstreckte sich auf die Bestimmungen des Gehaltes an Chloriden und wasserlöslichen Magnesiumverbindungen. Sie ergab:

Probematerial	I Feuchter Putz	II Trockener Putz
Chloride (als Cl berechnet) . . .	10%	Spuren
Magnesiaverbindungen (wasserlöslich)	fehlen	fehlen

Probe I enthielt merkliche Mengen wasserlöslicher Kalkverbindungen (Kalziumchlorid), während Probe II zwar geringe Mengen Kalkhydrat, aber kein Kalziumchlorid aufwies.

Außer den Putzproben wurde noch eine Probe des Korkestrichmaterials entnommen. Die Analyse dieser Probe ergab:

In Salpetersäure unlösliche Stoffe, getrocknet (im wesentlichen Holzsubstanz, wasserfrei) 21,1%
Gesamtmagnesia (MgO) 16,6%
Chloride, berechnet als Cl 9,1%
  Entsprechend Magnesiumchlorid $MgCl_2$ 12,3%
Eisenoxyd (Fe_2O_3) 0,9%
Hygroskopisches und gebundenes Wasser, als Rest berechnet 52,3%

Aus vorstehenden Zahlen berechnet sich das Mischungsverhältnis der Steinholzschicht wie folgt:

Auf 21,1 Teile trockene Holzsubstanz kommen:
  12,3 Teile wasserfreies Magnesiumchlorid ($MgCl_2$) und
  11,4 Teile Magnesiumoxyd (MgO).

Das Verhältnis Magnesiumchlorid : Magnesia ist hiernach 1 : 0,9; es ist nach den heute allgemein anerkannten Erfahrungen für ein brauchbares Estrichmaterial im Magnesiumchloridgehalt viel zu hoch.

Das Naßwerden des Deckenputzes ist bedingt durch das Vorhandensein von Kalziumchlorid in dem Deckenputz der Probe I. Kalziumchlorid ist bekanntlich ein hygroskopisches Salz, das aus der Luft stark Wasser anzieht und zerfließt. Damit steht die Beobachtung im Zusammenhang, daß die feuchtgewordene Decke nicht abtrocknet.

Die Herkunft des zerfließlichen Salzes in dem Putz der auf der darüberliegenden Oberseite Korkestrich tragenden Decken läßt sich nur so erklären, daß Magnesiumchloridlösung aus der Korkestrichmasse in die Steineisendecken eingedrungen und von da in den Deckenputz übergegangen ist. Auf dem Wege dahin hat sich das Magnesiumchlorid mit dem Kalkhydrat des Bindemittels in der Steineisendecke oder später mit dem Kalk des Deckenputzes umgesetzt unter Bildung von schwer löslichem Magnesiumhydroxyd und leicht löslichem Kalziumchlorid nach der Gleichung

$$Ca(OH)_2 + MgCl_2 = Mg(OH)_2 + CaCl_2.$$

Da Magnesiumchlorid in dem feuchten Deckenputz nicht nachgewiesen werden konnte, muß die Umsetzung in diesem Sinne schon vor der Erreichung der Putzschicht vollständig von links nach rechts verlaufen sein.

Bei sachgemäßem Aufbringen der im richtigen Verhältnis gemischten Korkestrichmasse, bestehend aus Holz- bzw. Korkmehl, Magnesiumoxyd, Magnesiumchloridlösung und sonstigen Zusätzen findet kein merklicher Übertritt von Magnesiumchlorid in die Betonmasse statt; wäre ein solcher Übertritt eine allgemeine Erscheinung, so müßten Schäden wie der hier beschriebene, viel häufiger vorkommen.

Um das Eindringen von Magnesiumchloridlösung in den Beton möglichst zu verhindern, ist es übrigens üblich, vor Aufbringen der Estrichmasse, den gut erhärteten Beton mit einer magnesiumchloridarmen Masse als Zwischenschicht einzuschlämmen.

Die Feststellung, daß im vorliegenden Fall ein Wandern von Magnesiumchlorid aus dem Korkestrich nach dem Beton stattgefunden hat, läßt darauf schließen, daß bei der Herstellung des Korkestrichs grobe Fehler unterlaufen sind.

Nach dem Ausfall der chemischen Untersuchung ist das Verhältnis von Magnesiumchlorid : Magnesiumoxyd mit 1 : 0,9 viel zu reich an $MgCl_2$ gewählt worden. Erfahrungsgemäß hätte das Verhältnis 1 : 3 oder 1 : 4 sein müssen. Bei sonst sachgemäßer Verarbeitung dieser Mischungen hätte es nicht zur Kalziumchloridbildung in der Putzschicht kommen können.

Möglicherweise ist das Eindringen von Magnesiumchlorid in den Eisenbeton noch besonders dadurch begünstigt worden, daß die frische Estrichmasse auf den noch nicht genügend erhärteten und feuchten Beton aufgetragen worden ist oder daß nachträglich ein Überfluten des Korkestrichs mit Wasser eingetreten ist.

Selbst wenn diese Umstände mitgespielt haben sollten, bleibt als Hauptursache des Schadens der zu hohe Magnesiumchloridgehalt der Estrichmischung bestehen. Der durch das Magnesiumchlorid angerichtete Schaden besteht indessen nicht allein darin, daß aus dem Magnesiumchlorid des Korkestriches durch chemische Umsetzung Kalziumchlorid entstand und der Deckenputz durch dieses hygroskopische Salz dauernd feucht blieb und allmählich zermürbte, sondern es muß außerdem damit gerechnet werden, daß infolge der eingetretenen chemischen Veränderung auch der Beton in seiner Festigkeit geschädigt worden ist und die Eiseneinlagen der Steineisendecke infolge der Berührung mit Chloriden beschleunigtem Rosten anheimfallen.

Eine nachträgliche Behandlung der beschädigten Deckenteile zur Beseitigung der schädlichen Stoffe aus dem Beton und den Putzdecken ist äußerst schwierig und unsicher, so daß die zweckmäßigste Behandlung immer noch die völlige Erneuerung der mit Chloriden durchsetzten Steineisendecken bleiben dürfte.

Der vorliegende Fall ist ein lehrreiches Beispiel dafür, wie außerordentlich wichtig es ist, bei der Herstellung von Steinholzböden auf Einhaltung des richtigen Mischungsverhältnisses von Magnesiumchlorid und Magnesit zu achten; beim Aufbringen einer Steinholzmasse auf eine Betondecke genügt es nicht, zu wissen, daß die Masse nach bestimmter Zeit erhärtet, es ist vielmehr notwendig, auch zu wissen, daß die erhärtete Masse keine Schädigungen an den sie umgebenden Baustoffen, mit denen sie in Berührung steht, hervorzurufen vermag. Die Herstellung der Steinholzfußböden erfordert viel Erfahrung und Sachkenntnis und sollte nur wirklich sachkundigen Firmen übertragen werden, um so kostspielige Schäden von der Art des beschriebenen sicher zu vermeiden.

Fall 5. Beschädigung der Metallteile eines Fußbodens.

An den Metallteilen des Fußbodens von einem Schlafwagen waren Beschädigungen entstanden. Der Fußboden war aus 1,75 mm dickem, beiderseitig verzinktem Stahlblech hergestellt und trug auf der Innenseite eine in den rechteckigen Längsrillen des Stahlblechs 23 mm hohe Steinholzauflage, die mit 2 Korkschichten und schließlich mit einem Gummiteppich bedeckt wurde.

An dem zur Feststellung der Beschädigungsursache eingesandten Ausschnitt aus dem Fußbodenmaterial zeigte sich nach Abheben der Steinholzschicht sowohl der Zinküberzug als auch das Stahlmaterial selbst stark angegriffen. Die metallische Zinkschicht war zum größten Teil zerstört; an ihrer Stelle hatte sich ein weißer, ziemlich festhaftender Überzug gebildet, der an zahlreichen Stellen von braunen Rostflecken durchbrochen war (Abb. 4).

Für die Herstellung des Fußbodenbelages war eine Steinholzmasse aus Magnesit, Sägemehl, Korkschrot und Magnesiumchloridlösung vorgeschrieben, deren Ge-

Abb. 4.

halt an Magnesiumchlorid und Magnesiumoxyd das Verhältnis 1 : 3,7 aufweisen sollte.

Die chemische Untersuchung der auf dem eingesandten Ausschnitt vorhandenen Masse ergab ein an Magnesiumchlorid wesentlich reicheres Gemisch von 1 Teil Magnesiumchlorid auf 1,9 Teile Magnesiumoxyd. Der an Stelle des metallischen Zinküberzugs gebildete weiße Beschlag bestand in der Hauptsache aus basischem Zinkchlorid und der an zahlreichen Stellen des Zinküberzugs hervortretende Rost enthielt ebenfalls reichliche Mengen Chloride.

Die Außenseite des Fußbodens besaß dunkelbraune bis schwarze Färbung; nach dem Abreiben der färbenden Oberflächenschicht kam die unversehrte metallische Zinkschicht des Überzuges zum Vorschein. Ein Angriff der Zinkauflage auf der Außenseite hatte demnach nicht stattgefunden.

Als Ursache des Angriffs auf der Innenseite muß das unmittelbare Berühren von verzinktem Stahlblech und chloridhaltiger Steinholzmasse bezeichnet werden. Der Angriff ist außerdem durch den hohen Magnesiumchloridgehalt der verwendeten Steinholzmasse besonders begünstigt worden.

An sich birgt das Zusammenbringen von Metallen (Zink und Eisen) mit chloridhaltigem Steinholz stets die Gefahr des Angriffs für die Metalle. Da Zink unter der Einwirkung von Magnesiumchloridlösung und Luftsauerstoff dem Angriff unterliegt, so kommt im vorliegenden Fall dem Zinküberzug nicht die schützende Wirkung zu, wie sie der Zinküberzug eines der freien Atmosphäre ausgesetzten verzinkten Stahlmantels ausübt.

Durch geeigneten bituminösen Anstrich, der vor der Steinholzmasse auf das verzinkte Stahlblech aufgebracht wird, läßt sich voraussichtlich das Metall vor dem Angriff durch Bestandteile der Steinholzmasse schützen. Doch ist zu beachten, daß der Schutzanstrich im vorliegenden Fall den besonderen Anforderungen des starken und anhaltenden Erschütterungen ausgesetzten Fußbodens genügen muß. Dementsprechend muß der Schutzanstrich sowohl am verzinkten Stahlblech als auch an der Steinholzmasse gut haften, er muß ferner genügend dicht sein und darf nicht verspröden. Ob ein Anstrich diesen Anforderungen genügt, läßt sich nur durch Versuche im praktischen Betriebe feststellen.

6. Regeln für die Benutzung von Steinholzfußböden.

Ein weiterer, hier nicht näher zu behandelnder Schadensfall zeigt, daß nicht immer ein Mangel der Herstellung oder Verarbeitung des Steinholzes vorzuliegen braucht, wenn Schäden an Metallteilen entstehen, die z. B. auf einen ungeschützten Steinholzfußboden gelegt worden sind.

Metallteile aus Stahl, Zink, verzinktem Stahl, Aluminium oder Aluminiumlegierungen und andere werden durch die Berührung mit Steinholz und den darin enthaltenen Chloriden im Laufe der Zeit wesentlich stärker angegriffen als dies z. B. unter den gleichen Bedingungen bei einem Zement- oder Betonfußboden der Fall ist. Dem Benutzer des betreffenden Fußbodens müßte aber bekanntgegeben werden, daß solche Metallgegenstände nicht ohne eine schützende Zwischenschicht auf Steinholzfußböden aufbewahrt werden dürfen.

Im allgemeinen werden die Steinholzestriche mit Linoleumbelag versehen, der einen zuverlässigen Schutz für den Estrich bildet. Steinholzestriche ohne Linoleumbelag bedürfen wegen ihrer Empfindlichkeit gegen Austrocknen besonderer Pflege. Empfohlen wird, sie von Zeit zu Zeit wie Parkettböden mit Wachs zu bohnern.

Die dadurch auf der Oberfläche entstehende Wachsschicht wirkt dem schnellen Austrocknen entgegen, verhindert auch das Durchfeuchten der Estrichschicht beim Aufwischen des Bodens mit Wasser.

Das Aufwischen mit Wasser darf übrigens nicht unter Aufwendung reichlicher Wassermengen vor sich gehen, auch bei Vorhandensein einer Linoleumauflage nicht. An den Rändern können undichte Stellen vorhanden sein, durch die Wasser in den Estrich gelangen und von da aus weiter dringen kann, und beim Zusammentreffen mit Metallteilen oder durchlässigem Beton entstehen Schäden der oben gekennzeichneten Art.

Beim vorübergehenden Aufbewahren von Metallgegenständen auf Steinholzfußböden sind trockene Holzbretter oder dicke Pappstücke als Unterlage zu verwenden; außerdem ist dafür zu sorgen, daß diese Unterlagen nicht naß werden.

Zusammenfassung.

An einer Reihe von Beispielen sind die durch Steinholz an Baustoffen (Beton) und Metallen (Stahlrohren, verzinkter Stahl) zuweilen vorkommenden Schäden erläutert worden.

Die Schäden kommen dadurch zustande, daß die unter Verwendung von Magnesiumchlorid hergestellten Steinholzmassen an eingedrungenes Wasser oder innerhalb der Masse entstandenes Schwitzwasser leicht Magnesiumchlorid abgeben; gelangt auf diese Weise entstandene Magnesiumchloridlösung an die in der Nähe befindlichen Metalle (Stahlteile, verzinkte Stahlteile u. a. m.), so werden diese im Laufe der Zeit stark angegriffen und schließlich zerstört. Daher muß bei der Herstellung von Steinholzfußböden darauf geachtet werden, daß nirgends Stahlteile, wie Rohre, Träger, Bewehrungseisen u. a. mit Steinholzmasse unmittelbar in Berührung kommen. Befinden sich Stahlteile im Bereich eines aufzutragenden Steinholzbelages, so müssen sie vorher mit einer genügend dicken und dichten Schutzmasse umkleidet werden, um zu verhindern, daß Auslaugewasser aus der Steinholzschicht an das Metall gelangt. Diese Maßnahme muß aber auch bei späterem Durchlegen von Rohren oder anderen Metallteilen durch fertige Steinholzestriche von den betreffenden Handwerkern (Rohrlegern, Installateuren u. a.) beachtet werden.

Unmittelbares Berühren des Steinholzes mit Metallteilen hat in den Beispielen 1 und 2 starkes Rosten von Heizungsrohren verursacht; im Beispiel 5 ist der Zinküberzug des Stahlbleches zerstört und das Stahlblech selbst starkem Rostangriff ausgesetzt worden.

Das Auslaugen von Magnesiumchlorid aus Steinholz und damit auch die Möglichkeit des Angriffs von Metallteilen wird noch besonders erleichtert, falls die Steinholzmasse mit zu großen Mengen Magnesiumchloridlösung bereitet worden ist, wobei aber betont werden muß, daß nicht etwa der Angriff durch Magnesiumchlorid dadurch verhindert werden kann, daß der Magnesiumchloridzusatz bei der Herstellung der Mischung möglichst gering gehalten wird. Die Maßnahmen zum Schutze der in der näheren Umgebung befindlichen Metallteile dürfen daher auch bei sparsamen Magnesiumchloridzusatz nicht unterbleiben.

Die mit zu reichlichem Zusatz von Magnesiumchloridlösung hergestellten Steinholzmischungen begünstigen in besonders hohem Maße durch das leichte Auslaugen von Magnesiumchlorid nicht nur den Angriff von erreichbaren Metallteilen, sondern führen unter Umständen weiter zu ganz bedenklichen Schädigungen von Betondecken, auf die das Steinholz verlegt ist, wie im Beispiel 4 dargelegt ist. Allerdings können ähnliche Schäden außer durch zu hohen Magnesiumchloridgehalt des Steinholzes auch noch durch andere bei der Herstellung des Steinholzbelages begangene Fehler verursacht worden sein; so z. B. konnte die frische Steinholzmasse auf den noch nicht erhärteten Beton aufgebracht worden sein, oder die Steinholzmasse wurde in unvollkommen durchgemischtem Zustand auf dem Beton verarbeitet u. a. m. Eine Entscheidung, ob solche Fehler vorgekommen sind, läßt sich in den meisten Fällen nachträglich nicht mehr führen.

Auf die Einhaltung der für bestimmte Zwecke erfahrungsgemäß als richtig erkannten Mischungsverhältnisse von $MgCl_2 : MgO$ ist in allen Fällen streng zu achten.

Die Sorgfalt, die bei der Herstellung von Steinholzfußböden und dergleichen aufgewendet werden muß, verlangt von den betreffenden Firmen eingehende Kenntnis der verschiedenen Fehlermöglichkeiten und der zu ihrer Vermeidung anzuwendenden Maßnahmen, verlangt aber auch geschulte Facharbeiter mit gründlichen Erfahrungen in der Herstellung der Steinholzmassen und deren weiterer Verarbeitung.

Im Abschnitt 6 sind einige Regeln für die Benutzung von Steinholzfußböden angegeben, die auch dem dauernden Benutzer der Böden zur Kenntnis gelangen müssen, wenn Streitigkeiten wegen später aufgetretener Schäden, die durch unsachgemäße Benutzung des Steinholzfußbodens entstanden sind, vermieden werden sollen.

Über einige durch Verwendung ungeeigneter Kittmassen aufgetretene Schadensfälle.

Von Prof. Dipl.-Ing. E. Deiß, Berlin-Dahlem.

Gemische von gebranntem Magnesit mit Magnesiumchloridlösung und verschiedenen Füllmitteln haben sich bei sachgemäßer Anwendung und Verarbeitung für Innenräume zu Fußböden u. ä. bekanntlich ausgezeichnet bewährt. Die einfach erscheinende Zubereitung derartiger „Steinholzmassen" und ihre gute Erhärtung verleiten weniger damit Vertraute häufig dazu, ähnliche Mischungen auch für andere Zwecke als Kitt- oder Füllmassen zu verwenden, für die sie aber wegen gewisser weniger beachteter Eigenschaften nicht geeignet sind und daher durch andere erhärtende Gemische ersetzt werden sollten.

Einige Fälle, die infolge der Verwendung solcher chloridhaltiger Massen zu wirtschaftlichen Schädigungen, in einem Falle zu schweren körperlichen Verletzungen geführt haben, sollen im folgenden eingehender beschrieben werden.

1. Verwendung von Sorelkittmasse zur Herstellung von Türklinken.

Die Griffe der Türklinken wurden entsprechend Abb. 1 dadurch hergestellt, daß in ein Stahlrohrstück, dessen unteres Ende mit einer Metallkapsel verschlossen war, ein gebogenes Vierkantstahlstück eingekittet wurde. Als Kittmasse wurde ein Gemisch von Magnesit mit Magnesiumchloridlösung und einem Füllmaterial eingefüllt und das Stahlstück in die Masse eingedrückt, die nach einiger Zeit erhärtete.

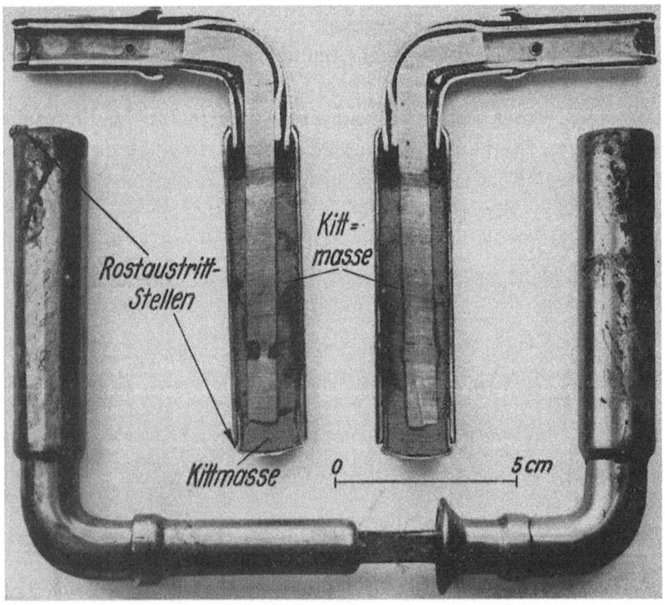

Die Türklinken wurden in großer Zahl in den Handel gebracht und zeigten anfänglich nichts Auffälliges. Nachdem sie jedoch einige Monate im Gebrauch waren, stellten sich, besonders in neugebauten Häusern, an den Türklinken der Küchen, Schäden heraus, die für den Hersteller der Klinken unangenehme Folgen brachten.

Aus den nicht völlig dichten Stellen der Klinken, besonders an den Verschlußkapseln, traten grünlich bis bräunlich gefärbte, halbflüssige Tropfen aus — der Griff links oben in Abb. 1 zeigt solche Ausscheidungen —, die zu Beschmutzungen der Hände und weiter von Kleidungsstücken, Wäschestücken aller Art führten; wurden die entstandenen Flecken nicht sofort ausgewaschen, so hinterließen sie in den Wäschestücken schwierig zu entfernende Rostflecken. Dadurch wurden an den Hersteller der Klinken so zahlreiche und erhebliche Schadenersatzansprüche gestellt, daß er sich genötigt sah, von der weiteren Herstellung der Klinken Abstand zu nehmen.

Bei der Untersuchung der an den Griffen ausgetretenen schmierigen Masse erwies sich diese als ein Gemisch von Magnesiumchloridlösung mit oxydulhaltigem basischem Eisenchlorid.

Beim Auseinandernehmen der Griffe zeigten sich die mit der Masse in Berührung gewesenen Stahlrohre als stark angefressen und stellenweise durchlöchert. Die in die Masse eingesteckten Vierkanteisen waren nur an den der Luft zugänglichen Teilen nahe der Masse angegriffen, während die vom Luftzutritt abgeschlossenen, ganz in die Masse eingebetteten Eisenteile nur geringen Angriff aufwiesen.

Die chemische Zusammensetzung der Kittmassen war keine gleichmäßige; bei drei blaugrau gefärbten Kittmassen wurden z. B. folgende Hauptbestandteile ermittelt:

Zahlentafel 1.

Probematerial	1	2	3
Magnesiumchlorid ($MgCl_2$) .	4,5%	3,1%	11,9%
Magnesia (MgO)	44,5%	51,0%	46,3%
Eisenoxyd (Fe_2O_3)	18,7%	14,8%	4,6%
Feuchtigkeit und chemisch gebundenes Wasser, berechnet als Rest zu 100%	32,3%	31,6%	37,2%

Abb. 1.

Die Proben 1 und 2 stammten aus zwei verschiedenen, in Gebrauch gewesenen Türklinken, an denen sich Tropfen gezeigt hatten; Probe 3 ist ein älteres Stück Kittmasse, das als Muster vorgelegt worden war.

Beim Liegenlassen an einigermaßen trockener Luft, auf einem Uhrglas, zeigen die Kittmassen lange Zeit hindurch gute Haltbarkeit. In feuchter Luft hingegen nehmen sie infolge bald einsetzender Anziehung von Wasser merklich an Gewicht zu und nach einiger Zeit lassen sich kleine Flüssigkeitströpfchen erkennen, die um so größer werden, je länger die Massen der feuchten Luft ausgesetzt sind, so daß der Eindruck des Zerfließens entsteht. Diese Erscheinung konnte sowohl an der magnesiumchloridreichen Probe 3, als an den Kittmassen aus den Klinken, Proben 1 und 2 mit den geringeren Magnesiumchloridgehalten beobachtet werden.

An Eisen kann in trockener Luft nur an den Stellen unmittelbarer Berührung mit der Masse ein geringer Angriff stattfinden; der Angriff nimmt erst dann größere Ausdehnung an, wenn zeitweilig oder dauernd feuchte Luft Zutritt zum Eisen und zur Kittmasse hat. Bei den in feuchter Luft befindlichen Türklinken tritt die sich bildende, Magnesiumchlorid und basisches Eisensalz enthaltende Flüssigkeit an undichten Stellen auf die Außenseite und führt dann zu den erwähnten Beschmutzungen.

Da die Luft in neugebauten Häusern, besonders in Küchen, größeren Feuchtigkeitsgehalt als in trockenen älteren Wohnräumen aufweist, so findet die Beobachtung ihre Erklärung, daß in solchen Räumen Eisensalz und Magnesiumchlorid enthaltende Tropfen aus den Klinken schon nach kurzer Zeit ausschwitzen.

Das behandelte Beispiel zeigt, daß die mit Sorelzement, d. h. einem Gemisch von Magnesiumchlorid und Magnesiumoxyd, als Bindemittel angemachten Kittmassen gegen die aus der Luft stammende Feuchtigkeit empfindlich sind. Diese Empfindlichkeit ist auch dann vorhanden, wenn in den Kittmassen, wie z. B. in den Proben 1 und 2, Magnesiumchlorid nicht in übermäßiger Menge enthalten ist. Das Vorhandensein von wenig Magnesiumchlorid in der Kittmasse ist ausreichend, um bei Zutritt von Feuchtigkeit die damit verkitteten Eisenteile anzugreifen. Damit erweist sich die Kittmasse für den beabsichtigten Verwendungszweck als ungeeignet.

Ein Überzug der Stahlteile mit Zink würde den Angriff des Metalls nicht verhindern, da auch Zink durch magnesiumchloridhaltige Lösungen stark angegriffen wird. Aus dem gleichen Grunde scheidet der Ersatz der Stahlteile durch Aluminium oder Aluminiumlegierungen aus.

Zum Verkitten von Eisenteilen, die der Einwirkung der atmosphärischen Luft ausgesetzt sind, sollten daher chloridhaltige Kittmassen vermieden werden.

2. Rostflecken auf Stahlringen.

An Zitronenpressen bestimmter Bauart wurden Schneideringe aus handelsüblichem nichtrostendem Stahl verwendet, die auf einem Porzellanteil festgekittet wurden. Einige Zeit nach ihrer Herstellung hatten sich sowohl bei den auf Lager gehaltenen als auch bei den in Benutzung genommenen Zitronenpressen auf der Mehrzahl der Schneideringe Rostflecken gebildet. Abb. 2 u. 3.

Die Gesellschaft, die die Zitronenpressen in den Handel brachte, glaubte dadurch, daß sie für die Schneideringe die Verwendung von handelsüblichem nichtrostendem Stahl vorschrieb, vor dem Rostigwerden oder einem Angriff der Metallringe durch die damit in Berührung kommenden Säuren genügend gesichert zu sein, denn nichtrostender Stahl zeigt bekanntlich gegen Zitronensäurelösungen genügende Beständigkeit, vgl. hierzu K. Daeves, Werkstoffhandbuch Stahl und Eisen, Blatt O 71 über „Nichtrostende Stähle".

Durch das Auftreten von Rostflecken an den Stahlringen fühlte sich die Gesellschaft geschädigt und sie vermutete, daß der für die Schneideringe verwendete Stahl kein „nichtrostender Stahl" gewesen sein könne oder einer falschen Behandlung unterworfen worden sei.

Bei der Untersuchung der Stahlringe stellte sich jedoch heraus, daß die Schneideringe aus 12 bis 15% Chrom enthaltendem Stahl bestanden, also der Gruppe 1 der von Daeves getroffenen Einteilung der nichtrostenden Stähle entsprachen. Die weitere Untersuchung der Ringe, und zwar sowohl der am Porzellanteil der Zitronenpressen festgekitteten und rostig gewordenen Schneideringe, als auch der lose eingesandten Ringe, die von Porzellanteilen abgenommen waren, ergab, daß an der Mehrzahl der Ringe chloridhaltige Masse festhaftete, besonders an den Stellen, wo sie mit dem Porzellanteil verkittet waren (Kittreste). In der Fuge zwischen Stahlring und Porzellan ist in den Abb. 2 und 3 bei den meisten Zitronenpressenteilen eine weiße körnige Kittmasse erkennbar, die von jedem einzelnen Teil für sich entfernt und untersucht wurde. Die Analyse ergab als Hauptbestandteile Magnesiumchlorid, Magnesiumoxyd, Kiesel-

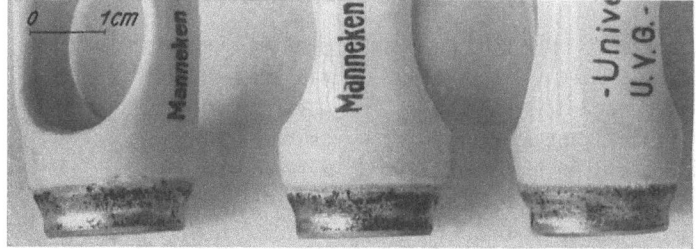

Abb. 2.

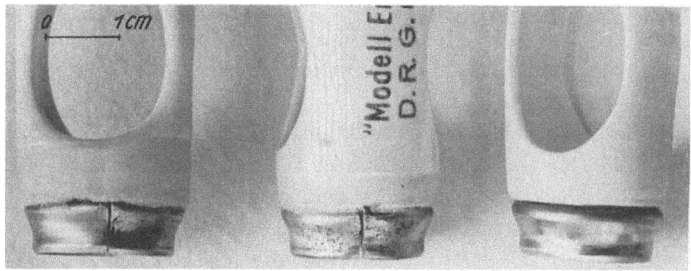

Abb. 3.   (rostfrei)

säure und Bariumsulfat. Es handelt sich demnach um einen Sorelzementkitt mit Füllstoffen.

Eine Ausnahme bildete jedoch die Kittmasse eines Rings (in Abb. 3 rechts). Der Schneidering dieses Teils war frei von Rostflecken; die geringe Menge Kittmasse an diesem Ring bestand im wesentlichen aus kohlensaurem Kalk und Wasserglas; sie enthielt keine Chloride.

Demnach waren die Schneideringe der Zitronenpressen mit zwei ganz verschiedenen Kitten befestigt worden. Während auf den mit magnesiumchloridhaltigem Kitt befestigten Ringen in allen Fällen Rostflecken in mehr oder weniger großer Zahl entstanden waren, erwies sich der mit Wasserglaskitt befestigte Ring 3 (Abb. 3) frei von Rost.

Die Ursache der Rostbildung auf den aus handelsüblichem sogen. „nichtrostendem Stahl" hergestellten Schneideringen ist demnach nicht in ungeeignetem Stahlmaterial oder in ungeeigneter Wärmebehandlung des Stahlringes zu suchen, sondern auf die Verwendung einer ungeeigneten, magnesiumchloridhaltigen Kittmasse zum Befestigen der Ringe zurückzuführen.

Den mit Magnesiumchlorid hergestellten Kitten läßt sich durch Feuchtigkeit, auch bereits durch die kleinen, aus feuchter Luft sich niederschlagenden Mengen, Magnesiumchloridlösung entziehen, die auf Stahl Rostflecken erzeugt. Auf diese Weise dürften die Rostflecken auch auf den Stahlringen der nicht in Benutzung gewesenen, also nicht mit Zitronensaft in Berührung gekommenen Pressen beim bloßen Lagern entstanden sein.

Das Beispiel bildet eine Ergänzung zum vorher beschriebenen Fall; es zeigt, daß selbst der viel widerstandsfähigere Chromstahl, der als „nichtrostender Stahl" im Handel ist, beim Angriff durch magnesiumchloridhaltige Stoffe (unter Mitwirkung der Luftfeuchtigkeit) von der Rostbildung nicht verschont bleibt.

3. Ungeeignete Verkittung eines Porzellangriffs.

Der Porzellangriff an der Brause einer seit etwa 6 Monaten in Gebrauch gewesenen Badeeinrichtung war beim Versuch, die Brause von „Kalt" auf „Warm" umzustellen, plötzlich zu Bruch gegangen; der Benutzer hatte sich dabei schwere Verletzungen der Hand zugezogen.

Bei der Feststellung der Ursache, die den Bruch des Porzellangriffes zur Folge hatte, ergab sich, daß es sich um einen gekitteten Porzellangriff handelte, bei dem der Stahlstift des Wasserhahns mit Hilfe einer Kittmasse im Hohlraum des Porzellanmantels befestigt worden war. Die einzelnen Bruchstücke sind in Abb. 4 dargestellt.

Zerbrochen war der Porzellanmantel des Griffes, der auf der Innenseite und auf einem Teil der Bruchflächen dunkle Flecken aufwies. An dem eingekitteten Stahlstift war die Kittmasse im oberen Teil etwas abgestoßen; der größere Teil der Kittmasse war unbeschädigt geblieben; sie haftete fest am Eisenstift, hatte sich aber glatt von der Innenfläche des Porzellanmantels abgelöst. Auf der Oberfläche der Kittmasse waren dunkelgefärbte Flecken vorhanden ähnlich denen auf der Innenseite des Porzellanmantels. Die Flecken rührten zum Teil von angetrocknetem Blut her. Die beim Bruch des Porzellangriffs neu gebildeten Bruchflächen waren weiß geblieben; an anderen zusammengehörigen Bruchflächen konnten dunkle Figuren beobachtet werden, wie sie beim Eindiffundieren einer färbenden Lösung in feine Anrisse entstehen.

Die zum Befestigen des Stahlstiftes benutzte Masse war ein Zinkoxychloridkitt, d. h. eine aus Zinkoxyd und Zinkchloridlösung bereitete Mischung, wie sie z. B. in elektrotechnischen Betrieben zum Verbinden verschiedenartiger Werkstoffe Verwendung findet. Vgl. hierzu W. Nagel und J. Grüß, Wiss. Veröff. Siemens-Konz. Bd. 6 (1927/28) S.155. Die an dem Eisenstift festhaftende Kittmasse reagierte nach dem Anfeuchten mit Wasser gegen Lackmus sauer.

Aus feuchter Luft vermag die Kittmasse Wasser anzuziehen; die damit in Berührung stehenden Eisenteile setzen in kürzester Zeit Rost an.

Um das Entstehen von Rost unter solchen Bedingungen nachzuprüfen, wurden Versuche in der Weise ausgeführt, daß eine Mischung aus Zinkoxyd und Zinkchloridlösung in kleine Bechergläser eingefüllt wurde. In die weiche Masse wurden Eisenplättchen eingedrückt. Nach 24 Stunden war die Masse steinhart geworden. Bereits nach wenigen Tagen konnte auf den Berührungsflächen der Eisenplättchen mit der Kittmasse Rost nachgewiesen werden, dessen Menge im Laufe der Zeit allmählich zunahm.

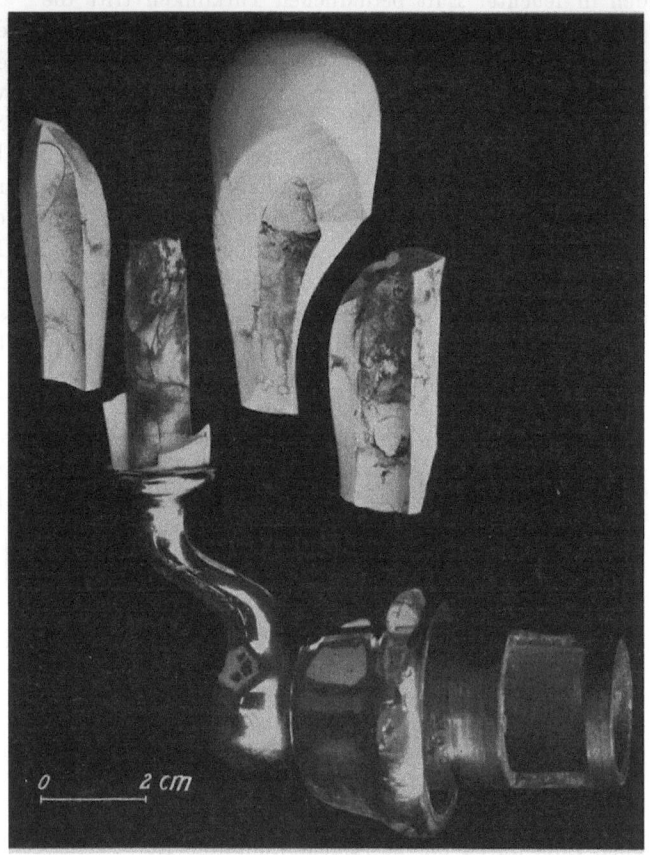

Abb. 4.

Dadurch, daß der mit Zinkoxychlorid gekittete Porzellangriff an der Badeeinrichtung angebracht worden war, bestand die Möglichkeit zeitweiligen Feuchtwerdens des Kittes; damit waren die Vorbedingungen zum Beginn und allmählichen Fortschreiten des Rostvorganges an dem eingekitteten Eisenstift gegeben. Die Entstehung von Eisenrost ist bekanntlich mit einer Volumenvermehrung verbunden; so konnte von dem allmählich zunehmenden Rost ein ebenso allmählicher Druck auf die Kittmasse und von da auf die Wandungen des Porzellangriffs ausgeübt werden.

Es muß angenommen werden, daß, nachdem die Badeeinrichtung ein halbes Jahr in Gebrauch war, der durch das Rosten des Eisenstiftes entstandene Druck allmählich so weit angewachsen war, daß ein geringer zusätzlicher Druck von außen genügte, um den Bruch des Porzellangriffs herbeizuführen.

Möglicherweise hat dabei außerdem die plötzliche Erwärmung des eingekitteten Eisenstiftes durch das heiße Badeofenwasser zur Erhöhung des Druckes der Kittmasse auf die Innenwand des Porzellangriffes beigetragen.

Zur Verhütung derartiger Unfälle empfiehlt es sich vor allem, von der Verwendung chloridhaltiger Kitte zur Befestigung von Stahlstiften in Porzellangriffen, die von Hand zu bedienen sind, abzusehen; es gibt in hinreichender Zahl chloridfreie Kitte, die an Stelle der chloridhaltigen Verwendung finden können, z. B. Zemente, Wasserglaskitte, Bleioxydglycerinkitte und andere, die Eisen nicht angreifen.

Mannheimer Maschinenfabrik
Mohr & Federhaff A.-G.
Mannheim

UNIVERSAL-MOFAG-HÄRTEPRÜFER
mit festeingebautem Mikroskop (DRGM.)
für **Brinell**- und **Vickers**-Versuche
sowie Tiefenmesser für **Rockwell**-Versuche

ORIGINAL ROCKWELL

Verspannung erfolgt ausschließlich auf der Spindel

Genau   Schnell   Einfach

M. Koyemann Nachf.
Puchstein & Co.   Düsseldorf

Er will zu Dir

Melde der NSV einen Freiplatz für die
Kinderlandverschickung

Maschinen für die Baustoffprüfung
nach den verschiedenen
Normen und Vorschriften

300-t-Betonprüfpresse
mit Antrieb durch Elektro-Regelpumpe

OSCAR A. RICHTER
DRESDEN-A.1, Güterbahnhofstraße 8

If you have any concerns about our products,
you can contact us on
ProductSafety@springernature.com

In case Publisher is established outside the EU,
the EU authorized representative is:
**Springer Nature Customer Service Center GmbH
Europaplatz 3, 69115 Heidelberg, Germany**

Printed by Libri Plureos GmbH
in Hamburg, Germany